真 实 的 故 事 是 最 好 的 故 事

HERO
反英雄史

不称职的英雄

达尔文与难产的《物种起源》

DAVID QUAMMEN
[美] 大卫·奎曼 —— 著
赫舒敏 —— 译

SPM
南方出版传媒
广东人民出版社
·广州·

DARWIN

哦，你这个唯物主义者！

To Betsy

献给贝齐

序　大功告成

不管在科学史上，还是在社会史上，查尔斯·达尔文都独占一席之地。他的名字家喻户晓，是一个焦点人物且富有偶像魅力，但这并不代表他能得到大众广泛而准确的理解。假设科学界能发行钞票，那么钞票上印的头像一定是达尔文。他面容英俊和蔼，不露声色，就像吉尔伯特·斯图尔特[1]画中的乔治·华盛顿一般，思想深邃，深藏不露，令人紧张，捉摸不透。人们对达尔文其人、其事、其言或多或少知道一些，大多数人最熟知的莫过于达尔文捏造了"进化论"。说他"捏造"无可厚非，只是这种说法略有混淆和不准确之处，忽视了达尔文生平最具原创性和危险性，也最震慑人心的研究。

达尔文是英雄，也是妖怪，他在人们心中的地位和许多科学巨匠迥乎不同，比如哥白尼、开普勒、牛顿、林奈[2]、莱伊尔[3]、

---

① 吉尔伯特·斯图尔特（Gilbert Stuart，1775—1828），美国画家，曾为华盛顿、约翰·亚当斯等人画像，对美国美术界颇有影响。——本书脚注皆为译者注。

② 卡尔·林奈（Carl Linnaeus，1707—1778），瑞典生物学家，动植物双名命名法创立者。

③ 查尔斯·莱伊尔（Charles Lyell，1797—1875），英国地质学家、英国皇家学会会员，地质学渐进论奠基人，均变说的重要论述者。

孟德尔[①]、爱因斯坦、居里、玻尔、海森堡[②]、魏格纳[③]、哈勃、沃森[④]、克里克[⑤]。大众对达尔文产生这种偏见的部分原因在于“达尔文主义”和“达尔文主义者”这样的术语在公众演说中的滥用，这些术语把达尔文原本庞大多样的研究臆断为简单的词语。然而他的这些研究绝不能被轻易地断章取义，简言化之。我们应该忘记“达尔文主义”，因为这个词根本就不存在，除非你非得武断地对它下个定义——明确其中包含哪些含义，不包括哪些含义——而达尔文从未下过这种定义。“达尔文主义者”又是指什么？着迷于鸽子的人是达尔文主义者，因为达尔文有一段时期曾经对满是球胸鸽（pouter）、孔雀鸽（fantail）和家鸽的鸟笼迷恋不已；钟爱在家园附近独自漫步的人是达尔文主义者；没有缘由反复呕吐的人也是达尔文主义者。而在我看来，达尔文没有发起达尔文主义运动，也没有建立宗教信仰。他从未将科学公理汇编成教条，铭刻于石板之上，署上自己的名字。他只是个远离世俗、著书立说的生物学家而已。他有时会出错，有时会改变想法，有时研究小课题，有时思考大命题。诚然，达尔文的出版物

---

① 格雷戈尔·孟德尔（Gregor Mendel，1822—1884），奥地利生物学家，遗传学奠基人，被誉为“现代遗传学之父”，发现了遗传学三大基本规律中的分离规律及自由组合规律。

② 维尔纳·海森堡（Werner Heisenberg，1901—1976），德国物理学家，量子力学主要创始人，1932 年获得诺贝尔物理学奖。

③ 阿尔弗雷德·魏格纳（Alfred Wegener，1880—1930），德国气象学家、地球物理学家，被称为“大陆漂移学说之父”。

④ 詹姆斯·沃森（James Watson，1928 年出生），美国分子生物学家，1953 年与克里克发现 DNA 双螺旋结构，1962 年获得诺贝尔生理学及医学奖。

⑤ 弗朗西斯·克里克（Francis Crick，1916—2004），英国生物学家、物理学家、神经科学家，1953 年与詹姆斯·沃森发现 DNA 双螺旋结构，1962 年获得诺贝尔生理学及医学奖。

大都指向了生命的统一性这个主题，反映了进化的历程，但是他也详细地阐释了这一主题下的多种不同概念，其中一些紧密相连，至今在生物学上仍有重要价值，而有的就没有那么重要。因此最好将达尔文的学说分开来审视，而不是借达尔文之名将其混为一谈。

上文提及的伟大科学家之一哥白尼，他对人类社会的影响与达尔文最为相似。达尔文继承发展了哥白尼发起的科学革命——警醒世人人类并不处于宇宙的中心，并将这种认识延伸到生物学领域。“人们总是说起，”他早期在笔记中写道，“理性的人类即将现世。”这种理性人类的诞生并没有震撼到达尔文，相反，他补充道，“这还不如发现拥有其他官能的昆虫有趣”。此等异教言辞表明达尔文从苦思冥想物种起源之始就否认了人类自诩的半神地位，而将人类置于丛林斗争和变化之中。达尔文并不是人道主义者，尽管他富有人道主义精神。我们甚至可以单纯地猜想，达尔文可不想要智人（Homo sapiens）的头脑，反而更愿意研究蜜蜂的定向运动和构筑本能。

我之所以认为达尔文是“继承发展”而不是“完成”了哥白尼发起的反对“人类中心论”的革命，是因为这场革命迄今仍在继续。很多人，甚至包括那些自认为接受达尔文进化论观点的人，都拒绝领会达尔文著作中隐藏的暗示。达尔文最伟大的观点比纯粹的进化更广大，却也过于宏大、刺耳，甚至耸人听闻，那就是“自然选择”理论——进化变异的主要机制。在达尔文看来（一个半世纪之后由生物学证据进一步印证），自然选择的过程没有目的性，但是效果显著。自然选择十分客观，不考虑未来，没有目标，只产生结果。生存和繁殖是唯一的评价标准。自然选择作用于不定向变异，对其进行筛选和繁殖，创造了一种实用的秩序。自然选择由强盛的繁殖力和致命的竞争所驱动，直接或间接地产生了生物的适应性、复杂性和多样性。这一过程蕴藏了深刻的偶然性，与人们固有的观点相矛盾。固有观点认为，地球上的生物（包括人类）与它们的能力、历史、在特定地域产生的本土特性以及相互之间的关系，在某种程度上都是由神决定的。神创论支持者致力于实现基督教的政治议程，因此对自然选择厌恶不已，十分警惕。

进化论的反对者并不只有神创论支持者。这些反对者有理由感到鼓舞，因为达尔文在1859年提出的观点近年来持续受到强烈抵制，至少在美国如此。这些政治挑战在许多州议会和校董会反复出现，却鲜有成功。一些至关重要的法律诉讼案件（比如爱德华兹诉阿奎拉德案[①]、2005年奇兹米勒诉多佛学区案[②]）的判决也让神创论支持者事与愿违。但是他们有一点说对了：广泛而言，大众舆论对于进化的态度模棱两可，矛盾程度令人惊讶。后现代的美国是滋生前进化论时期观点的温床。

也许你曾听说过一些不太严谨的断言——三分之一或者

① 爱德华兹诉阿奎拉德案（*Edwards v. Aguillard*），路易斯安那州的“神创法案”要求在公立学校与进化论一起讲授“神创科学”，其主要目的是改变公立学校的科学课程，为完全拒绝进化论基本事实的特殊宗教信条提供宣传优势。该法案违反第一修正案。

② 奇兹米勒诉多佛学区案（*Kitzmiller v. Dover*），案件起因是多佛学区教育委员会要求9年级的科学课程在教授进化论时，必须由教师向学生宣读一项大约1分钟的声明，提醒学生达尔文理论的漏洞与问题、除了进化论以外还存在其他理论，包括但不限于智慧设计。11位来自多佛的学生家长对这个要求提出控诉。诉讼于美国宾夕法尼亚中部区域联邦法院提起，并申请禁制令。该案裁决结果是多佛学区代表违反宪法，并禁止多佛学区在公立学校的科学课程中教授智慧设计。

40%，甚至更多的美国人不接受进化论。盖洛普公司[1]在 2004 年 11 月做了一千多次电话访问后发现 45% 的受访者同意“在过去一万年左右的时间里，上帝在某个时刻以现有形态创造了人类”这一观点，一言以蔽之：“神创论”。另一个备选观点是“人类由低级生命形态经过上百万年的进化形成现在的模样，但是上帝主导了这一过程”，即“神导进化论”，简称“神导论”，有 38% 的受访者支持这一观点。只有 13% 的受访者赞同人类的进化不受上帝主导的观点，即“唯物进化论”。其余受访者的观点难以总结归类，简言之为：“走开，我们在看电视。”

这些调查结果最让人震惊的不是人们对进化论的抵触情绪如此之高，而是在一代人的时间里开展的六个平行调查中，这种抵触现象几乎毫无变化：早在 1982 年，盖洛普公司就开展了一次调查，提供了相同的选项，发现 44% 的受访者支持神创论而不是进化论；1999 年，神创论支持者高达 47%；此后，这一比例再也没有低于 44%。假设这些调查可信度高，那么近乎一半的美国大众选择相信人类起源于神，仿佛达尔文从来没有存在过一样。多年来，认可“上帝主导进化”，即支持神导论的公众比例也有所增加，徘徊在 37%～40%，这一观点在根本上也同达尔文的观点相悖。总结来说，81%～87% 的美国人反对达尔文的人类进化观点。

盖洛普公司不是唯一调查此现象的机构。2005 年 7 月，皮尤民众与媒介研究中心[2]同其他组织合作开展的最新调查中，2000

---

① 盖洛普公司（The Gallup Organization），由美国著名的社会科学家乔治·盖洛普博士于 20 世纪 30 年代创立，是全球知名的民意测验和商业咨询公司。

② 皮尤研究中心（Pew Research Center）是美国最主要的独立性民调机构。民众与媒介中心是其长期进行的一个调查项目。

名受访美国人中有 42% 的人坚称“现存生物的形态自始至终就是如此”。另有 18% 的人支持神导论，认为至少神主导了人类的进化过程。由此看来，皮尤研究中心调查结果总体上没有盖洛普公司的那么消极：皮尤研究中心的调查者中只有 60% 的受访者拒绝接受达尔文的主张，而盖洛普公司的调查中该数据高达 80%。

或许这些调查结果站不住脚；或许英格兰、瑞典、印度的数据大有不同；或许 1925 年约翰·斯科普斯案[①]后，美国社会中流行着怀疑主义和福音主义的混合思潮，会继续鼓动美国人通过《圣经》认识生物学，而不是通过科学学习；或许人类进化本身就是一个非常敏感的话题，容易误导大众；或许盖洛普公司和皮尤研究中心该问问大众，上帝是不是以现有形态创造了树袋鼠（tree kangaroo）；或许……谁知道呢？进化论历经时间的检验，对于这些针对进化论的极度怀疑与刻意排斥，我也不能给出确切的解释。坦白而言，这让我感到十分迷惑。但是，盖洛普公司的调查结果——以及长期以来反对在公立学校教授进化生物学的政治行动——证实了查尔斯·达尔文的地位并不是永远都那么重要。他也同教育和政府管理紧密相关。

现在就我个人而言，我选择了以一种迂回的方式来切入主题。我不是生物学家，不是历史学家，也从未受过严格的科学学术训练。尽管如此，在过去的 25 年里，我一直从事科学记者工作，通过大量阅读，尤其是阅读科学期刊，自学了进化生物学和

① 斯科普斯案（*John Scopes* Trial），又被称为“猴子审判”。1925 年，美国田纳西州代顿市中学教师约翰·斯科普斯被“神创论”的支持者告上法庭，控告斯科普斯违反州法公开讲授进化论。最后斯科普斯被判罚 100 美元。本案是美国史上最有争议的案件之一。

生态学，不厌其烦地请教专家以加深理解。这些年里，我有幸得到一些同生物学家一起探索野外的机会。受多种刊物委托撰稿和著书之际，我有幸到热带森林长途跋涉，沿着河流探索蒙古到亚马孙的各大流域，徒步穿越赤道附近的稀树草原，巡游偏远的岛屿，或者登门拜访世界上最杰出、最权威的自然科学家。这些经历逐渐增进了我对生态系统和物种的认识，以及对生态学和进化生物学基础概念的理解，尽管过程十分漫长。此外，我还认识到，总体而言，野外生物学家都卓越非凡，才智过人，满腔热情，易于相处，身心俱强。有些人欣赏军人、外科医生、消防员、天体物理学家、医务传教士或者牛仔，而我则欣赏野外生物学家。

这也是我走近达尔文的原因之一。达尔文是一名野外生物学家，他生命中最重要的一段时光就是野外探索时期——作为一名博物学家，他跟随英国皇家海军船舰“小猎犬”（*Beagle*）号勘绘南美海岸，进行了为期四年九个月零五天的环球航行。这次航行从 1831 年一直持续到 1836 年。达尔文当时 20 多岁，正是在艰难险遇中充分发挥本领的大好年华，也是最大程度接受新观点的美好年纪。当“小猎犬”号的船长和船员忙于工作之时，年轻的达尔文用拖在船尾的浮游生物采集网收集海洋标本，在停船上岸期间长途跋涉，做进一步的收集和观察工作。起初他经验不足，但渐渐地成长为一名有条不紊、观察敏锐的科学家。他到访了巴西、乌拉圭、阿根廷、智利、秘鲁、新西兰、澳大利亚、南非；登上了很多小型海岛，包括佛得角群岛、亚速尔群岛、塔希提岛、毛里求斯岛、圣赫勒拿岛和加拉帕戈斯群岛。1836 年 10 月 2 日“小猎犬”号在法尔茅斯（Falmouth）靠岸，从此，达尔文再也没有离开过大不列颠。作为野外生物学家的闲游时光结束了。他此行成果满满，在之后一段时期内对此深以为乐。与他同时代的生物学家，比如华莱士[1]和贝茨[2]，会不惜花上十年时间在亚马孙、婆罗洲或其他地方做野外调研。但对达尔文来说，五年足矣。他余生的大多数科学研究，需要的是阅读书籍文献，进行通信交流、实验和解剖，或者在家园附近的草原和树林里实地观察，以及沉思。或许是由于身体羸弱，或许是由于勤于思考，达尔文多数时候闭门不出。

达尔文是在家里酝酿出了伟大的思想。因此，虽然我十分偏爱野外生物学家，虽然促使达尔文伟大学说诞生的早期野外经验非常重要，但我在写此书时还是做了一个反常的决定：将其随“小猎犬”号航行的经历只作为叙述背景来写，转而叙述航行后的故事。为什么不谈达尔文生命中最负盛名的旅程呢？原因有三：首先，这段经历久负盛名，只要人们听说过达尔文，多半会了解他随“小猎犬”号到访加拉帕戈斯群岛、见识有趣的爬行动物和鸟类的经历。其次，这么做是出于精简文字和缩小叙述范围的考量，说得直白些就是为了行文简洁。许多优秀的传记作家都曾为达尔文的一生著书立传，值得一提的是珍妮特·布朗（Janet Browne）的两卷本权威巨著《查尔斯·达尔文》（*Charles*

---

① 阿尔弗雷德·拉塞尔·华莱士（Alfred Russel Wallace，1823—1913），英国博物学家、地理学家、人类学家与生物学家，因独自创立“自然选择”理论而闻名，促使达尔文出版了《物种起源》。

② 亨利·沃尔特·贝茨（Henry Walter Bates，1825—1892），英国博物学家和探险家，曾参与了具有重要科学意义的南美洲亚马孙河考察，以“拟态论”著称，1861 年基于自己的发现发表了一篇著名的论文，有力地支持了达尔文的进化论。

Darwin）、阿德里安·德斯蒙德（Adrian Desmond）和詹姆斯·穆尔（James Moore）联手创作的《达尔文：备受折磨的进化论者的一生》（*Darwin: The Life of a Tormented Evolutionist*，足足有800页，记述十分全面），但是依旧有很多人没有读过他的故事。诚然，鉴于材料的选择、详略的安排，考虑到作者的偏好和读者的需求，各版本的叙述多少有些出入。我写作此书是想简洁紧凑地讲述这个宏大复杂的主题，夹叙夹议，表述准确，可读性强。我志于在有限的篇幅内聚焦一点来描写一位思想者的成长。跳过"小猎犬"号之行的最后一个原因是：在我看来，达尔文在巴塔哥尼亚①和加拉帕戈斯群岛上的经历只是小打小闹，在这之后著书立说的大冒险更震撼人心。

其中最重要的冒险就是提出了自然选择学说。自然选择学说不仅观点新奇，含义惊人，其由来也颇不平常：一位小心谨慎的科学家提出的深刻而激进的见解。他是一位性格腼腆、秃头长须的家长，会种报春花、养鸽子，过世后埋葬在威斯敏斯特教堂的内向的英国人，头像印在钞票上，给人的感觉十分平和和慵懒。但是并不是所有与达尔文有关的事情都令人愉悦。他的学问核心是唯物主义，这也是本书意在探索的主题之一。研究并发表这一唯物主义理论即使对达尔文来说也是艰深可怖的。

① 巴塔哥尼亚（Patagonia），主要位于阿根廷境内，小部分属于智利。

1 自然神学大厦将倾
1837—1839

35 几维鸟的蛋——自然选择学说
1842—1844

67 藤壶的附着点
1846—1851

103 送给达尔文的鸭子
1848—1857

135 可恶的书
1858—1859

185 最合适的理论
1860 年后

215 最后一只甲虫
1876—1882

234 致　谢

见此图标
微信扫码

辅助阅读：达尔文与《物种起源》。

自然神学大厦将倾

The Fabric Falls

1837—1839

1

1837年的头几周，查尔斯·达尔文还是一个忙碌在伦敦的年轻人。他早已觉醒，心怀壮志，在机遇的激励下规划着新的人生。此时，他还没有意识到内心深处的真实想法。2月12日这天，达尔文正好28岁。

1836年10月，达尔文刚刚结束跟随“小猎犬”号的环球航行返回家中。重新踏上故土，他心感喜悦，终于能够走在结实的地面上，不用随海浪颠簸了。“小猎犬”号此次出海，原计划用时两三年，但最终航行了近5年。其间，达尔文发生了翻天覆地的变化：登船时，他只是个刚从剑桥大学神学院毕业的毛头小子，热衷于猎鸟和收集稀有的昆虫；而现在，他俨然是一个认真学习地理学和博物学的严肃后生。达尔文的父亲罗伯特·达尔文是一个脾气暴躁、大腹便便的医生，很早就失去了妻子，他也看出了达尔文航行归来后的改变。罗伯特·达尔文曾狠狠训斥达尔文顽劣不堪，只关心捕鼠猎鸟，将来“会让整个家庭蒙羞”。但是现在，达尔文作为一名科学旅行家声名鹊起，载誉而归，让父亲深感欣慰。达尔文回国后，罗伯特·达尔文一看到他就转身和他的姐妹们说：“嘿，他的头形怎么变了这么多！”如果这句话不是指骨相上发生的变化，那就是个恰当的比喻。有所改变的正是达尔文的思想，接下来改变还会更大。

在什鲁斯伯里[①]短暂拜谒过父亲和姐妹们后，达尔文回到伦

① 什鲁斯伯里（Shrewsbury），达尔文的出生地，位于英格兰什罗普郡，是一座中等规模的小镇。

敦，在大莫尔伯勒街（Great Marlborough Street）租了一座宅邸，离皇家动物学会和大英博物馆等重要的科学圣地仅有几步之遥。达尔文讨厌伦敦，伦敦的雾霾、喧嚣与狄更斯笔下的情景一模一样。但是为了研究，他不得不忍受这些。“小猎犬”号之行成果丰硕，回到伦敦后，他整日忙着跟踪研究。这些成果有航行中记录的实例、笔记和想法，有哺乳动物的毛发、禽皮、腌渍的爬行动物和鱼类、植物标本，以及化石。他在南美考察时收集了很多标本，将它们分别装箱、装瓶、装桶寄回了英国，然而他随船带回了更多，其中大部分标本已经交由专家辨认和研究。出航时达尔文只是船长的社交伙伴，一名非正式的博物学家（此前有一名博物学家，比达尔文资历深，但没有达尔文热忱，心怀嫉妒下一气辞掉了这份出海工作），在科学界还是个无名小卒，但是达尔文证明了自己。他在异国他乡的收集工作颇有成果，与国内的往来通信见解犀利，使他在回国之前就在科学界引起了不小的轰动。人们认为达尔文才能出众，前途无量，收集的标本富有研究价值。英格兰皇家外科医生学会会员、杰出的解剖学家理查德·欧文①同意绘制哺乳类动物化石。博物馆馆长乔治·沃特豪斯（George Waterhouse）收藏了达尔文带回来的活体哺乳动物和昆虫。备受尊敬的鸟类学家约翰·古尔德②研究了他带回来的鸟类。牙医、动物学教授托马斯·贝尔（Thomas Bell）拿到了爬行动物

---

① 理查德·欧文（Richard Owen，1804—1892），英国动物学家、古生物学家，1884 年退休时被封为巴斯勋位爵士，著有《珠光鹦鹉螺》《脊椎动物比较解剖学和生理学讲义》等。

② 约翰·古尔德（John Gould，1804—1881），英国鸟类学家，撰写出版了大量绘有精美插图的世界各地鸟类的书籍。

以作研究。达尔文则着手写书。这一步对他意义重大，说明他对自己的观察和见解比以前更有信心。想想看，那可是一本书啊！他曾亲眼看到许多人从未见过的东西，小心谨慎地收集数据，记录感受。这本书将是他根据航行日志写就的游记杂谈、文化绘像，囊括了地质学和博物学。

这本书尚未写成就已经同出版社签约，由“小猎犬”号船长罗伯特·菲茨罗伊（Robert FitzRoy）安排。菲茨罗伊船长能力非凡，却不易相处；出身贵族，却不安定。菲茨罗伊崇尚完美，加上航行中的各种复杂状况，使得原本为期两年的航行延长至五年之久。他需要整理一份关于此次航行的记录，因此非常乐意将达尔文的书列入其中。若是时间充裕，菲茨罗伊自己也会写一本。一想到能成为一名作家，达尔文就精力十足，奋笔疾书。在“小猎犬”号上记录的航行日志是他写作的核心素材，但是他还想在书中加一些叙述和新想法，再加以润色。他向剑桥的朋友（也是表亲）威廉·达尔文·福克斯（William Darwin Fox）倾诉说：“写作真是一件乏味、困难的事情。”但是达尔文有一个能让写作变得容易一点的优势：他每年都能从父亲那里得到一笔数目可观的资助。达尔文没有经济压力，不必非得找一份工作来谋生。

达尔文是社交圈的宠儿。他远行归来，满腹故事，单身并且条件不错。起初，他对这些社交活动颇为满意。英国地质学界冉冉升起的新星，改变世人对地质科学的认识的三卷本著作《地质学原理》的作者查尔斯·莱伊尔，十分乐意结识这位新朋友。发明家查尔斯·巴贝奇[1]开始邀请他参加各种各样的聚会。达尔文的哥哥伊拉斯谟（Erasmus）虽然接受过内科医生的训练，但无意从医（鉴于他们的父亲财富丰厚，他也不需要从医）。伊拉斯谟早已在伦敦安家，追求生活享乐。他时常邀请达尔文到大莫尔伯勒街的宅邸参加小型聚会。这个宴会圈子名人赫赫，有政治作家哈丽雅特·马蒂诺[2]和苏格兰历史学家托马斯·卡莱尔[3]。当时，知名的教育家、科学家伦纳德·霍纳（Leonard Horner）的女儿们还未出阁，达尔文曾多次上门拜访，与她们之间态度暧昧，尽管如此，霍纳觉得达尔文去的次数还不够多。“小猎犬”号的五年航行中，达尔文同一名船上长官和见习船员挤住在狭小的船舱里，尽管可以和菲茨罗伊船长一同进餐，但他依然感到非常孤独。回到伦敦的头几个月里，为了补偿曾经的孤独，他出席晚宴，享受妙趣横生的闲谈和吹捧，以及女性的陪伴。在莱伊尔的引荐下，达尔文加入了雅典娜俱乐部（the Athenaeum Club，也叫狄更斯式俱乐部，狄更斯本人也是俱乐部成员），这个俱乐部成了达尔文小小的庇护所，他可以在这里安静就餐，安心阅读。达尔文也会出席皇家动物学会和地质学会举办的会议，有时也会发表一些短小的论文。这些都没有耽误他的写作。他在“小猎犬”号上学习了地质学和生物学知识，同时也学会了自律。

---

① 查尔斯·巴贝奇（Charles Babbage，1792—1871），英国发明家，他发明的分析机被视为现代电子计算机的前身。

② 哈丽雅特·马蒂诺（Harriet Martineau，1802—1876），英国社会学家，著有《美国社会》。

③ 托马斯·卡莱尔（Thomas Carlyle，1795—1881），苏格兰哲学家、评论家、讽刺作家、历史学家，一生中发表了很多在维多利亚时代饱受赞誉的重要演讲，颇具影响力。

在伦敦安顿下来几天之后，达尔文约见了约翰·古尔德，一起讨论了他在加拉帕戈斯群岛收集的鸟类标本，古尔德兴趣十足。加拉帕戈斯群岛距离南美大陆西海岸约960千米，返程的“小猎犬”号曾在1835年9日至10月在此地短暂停留。这些标本形状短小，呈淡褐色，鸟喙形态各异，大小不一。达尔文原以为这些各色各样的标本是鹪鹩（wren）、蜡嘴雀（grosbeak）、黄鹂（oriole）和雀科鸣鸟（finch）之类的鸟类，因此并没有花费心思分门别类地标出它们的采集地。这个失误给后来的工作带来了令人沮丧的麻烦。作为一名野外博物学家，达尔文兴趣广泛，不受任何理论束缚，只是还没有明确的研究方向。1837年1月，“小猎犬”号航行已经结束四个月了。达尔文听闻古尔德在皇家动物学会的会上发表了一篇有关这些鸟类标本的初步研究报告。古尔德表示，出乎意料的是，这些鸟类都属于雀科鸣鸟。虽然鸟喙有长有短，有尖有钝，看上去亲缘相近，但实际上，这些鸟类代表了十几个新物种。3月，古尔德向达尔文私下求证，进一步得出结论：这是13个从未被科学界认识的雀科鸣鸟的新物种。古尔德的发现不止于此。他在另一堆标本中还发现了3种不同的嘲鸫①。同雀科鸣鸟标本不同的是，古尔德手中拿到的嘲鸫标本标注了采集岛屿。这是因为嘲鸫的野外种类较少，不易与其他鸟类混淆，所以达尔文在收集嘲鸫标本时格外谨慎。有趣的是，根据标签，每种嘲鸫都生存在不同的岛屿上。

这未免也太奇怪了，简直不可思议。一种嘲鸫对应一个岛屿，而且每种嘲鸫都是新物种。这恰好印证了达尔文在“小猎

① 嘲鸫（mockingbird），一类小型鸣禽，又称“反舌鸟”。

犬”号上撰写鸟类学笔记时暗自思忖的某些想法。他在笔记中写道，这些鸟类虽然有所区别，但是亲缘相近，在大自然中的作用相似，分别生存在相邻的岛屿上，这难道不奇怪吗？或许，这和已知的物种起源理论相反，这些鸟类其实起源于同一种鸟类，只是现在属于不同种类。或许，这些鸟类并不是按照神的旨意创造的，也就是说，神并没有创造每一个物种。或许，这些鸟类……就这样自然而然地出现了。“但凡有一点依据能够支持这些现象，”达尔文暗自思索，“该群岛的动物体系就非常值得研究。这些事实会动摇物种不变的理论。”

尽管达尔文的认知有限，但他的想法是对的。物种不是不变的，这些岛屿上就有最佳的研究线索。

几乎同时，无法解决的数据连同其他标本报告也送到了他的手中。理查德·欧文根据达尔文从南美大陆带回来的化石辨认出了一种已灭绝的巨型地懒、一种已灭绝的巨型犰狳，还有一种他认为已经灭绝的巨型水豚。这一切巧合——即便对欧文来说没有什么——对达尔文来说都太奇怪了，这些灭绝物种本应在现存地懒、犰狳和水豚的栖息地发现。约翰·古尔德在3月14日皇家动物学会的一场会议中，宣布达尔文先生发现了一种新的无翼鸟。这是一种小型走禽——古尔德将其命名为达尔文美洲鸵（Rhea darwinii）——发现于巴塔哥尼亚南部，紧邻已知的大型鸵鸟分布区域。与此同时，托马斯·贝尔在研究加拉帕戈斯群岛鬣蜥标本时发现了这些鬣蜥的岛际差异。这让达尔文记起了加拉帕戈斯群岛副总督曾告诉他的事：从巨型象龟壳的形状可以辨别象龟生存的岛屿。达尔文综合考虑这些事实，不断地问自己原因何在。为什么个体间非常相似的动物，不管是灭绝的还是现存的，都集中成群出现?

很难准确判定达尔文在何时成了一名进化论者。他没有像阿基米德一样在书信、论文和学会讨论中高呼“Eureka!”[①],为自己的新发现欢呼雀跃。达尔文此时小心谨慎,心神不宁,守口如瓶。这和当时的社会背景分不开。19 世纪 30 年代,英格兰社会动荡不安,经济萧条,“新济贫法”[②] 出台,废除了“院外救济”,贫民只有进入残酷的“济贫院”方可获得食物救济。宪章运动[③]高涨,各地人民发起大规模抗议,争取民主改革。法国动物学家让－巴蒂斯特·拉马克(Jean-Baptiste Lamarck)[④] 和艾蒂安·若弗鲁安·圣伊莱尔(Étienne Geoffroy Saint-Hilaire)提出了物种演变的早期进化理论。当时,英格兰和苏格兰的激进派已经接受了这些观点,将其应用在社会变革上,引起了拥有财富和其他既得利益的议会执政党辉格党和圣公会高级教士的不安。这种不安不容忽视。圣公会主教向世人布道宣告,基督教不只是英格兰的主教,还是国教。自 1688 年以来,英格兰未曾有过革命,宪章运动和经济萎靡不振似乎暗示了革命可能近在眼前。起初,达

---

① Eureka,古希腊语,意思是“好啊!有办法啦!”。

② 英国政府 1834 年出台了《济贫法修正案》,史称“新济贫法”(New Poor Law)。

③ 也称人民宪章运动(People's Charter),英国工人阶级争取改革议会的运动,以伦敦激进派威廉·洛维特 1838 年 5 月起草的《人民宪章》(*People's Charter*)得名。

④ 让－巴蒂斯特·拉马克(Jean-Baptiste Lamarck,1744—1829),法国博物学家,较早期的进化学者之一。1809 年发表了《动物哲学》一书,系统地阐述了他的进化理论,即通常所称的“拉马克学说”。书中提出了用进废退与获得性遗传两个法则,认为这既是生物产生变异的原因,又是适应环境的过程。达尔文在《物种起源》一书中曾多次引用拉马克的著作。

尔文只是在传统理论和进化论之间游走挣扎，现在却发现自己要在阶级斗争和宗教纷争中选择立场。他小心翼翼，没有向世人公告他的变节。但我们仍然可以推测出达尔文转而质疑宗教的时机：1837 年 3 月，在他和古尔德、欧文谈话后不久。物种是会变化的，从一种变为另一种。他已经知道这一点，只是还不明白是如何变化的。

几个月后，达尔文又写了一些笔记，内容与他深感好奇的南美化石和加拉帕戈斯群岛的物种特征有关："我的观点都源于这些事实，尤其是后者。"但是他缄默不言，对这些观点守口如瓶。

2

直到几十年后，达尔文才使用了"进化"（evolution）一词。1837 年 7 月，达尔文开始记录物种的"演变"（transmutation）。第一本笔记写在带有金属夹的棕皮口袋本上。这个笔记本非常小巧，可以放在外套里随身携带，可以私密地记录他的疯狂思考和异端疑窦。

达尔文在笔记本封面上做了一个简单的标签——B。笔记 A 大约也开始于同一时间，内容是地质学。达尔文在笔记 B 的首页顶部写上了"《动物法则》"（*Zoonomia*），致敬祖父伊拉斯谟 · 达尔文（Erasmus Darwin）40 年前出版的同名书籍。伊拉斯谟 · 达尔文是一位知名的医生和诗人，他的人生充满传奇色彩，身患痛风却好美色，观点不拘于传统，子嗣成群，有不少私生子，创作了许多有关植物的艳诗。达尔文的哥哥继承了祖父的名字，而达尔文继承了祖父对科学的热爱。《动物法则》的内容主要是医论，其中一部分记述了祖父伊拉斯谟的进化论观点："所有恒温动物都起源于同一种丝状生物"，这种共同的亲缘关系具备一种"通过固有行为不断完善"的能力，因此这些改良性状能够在亲子代间传递。伊拉斯谟·达尔文并未在这个观点上深究，没有多加阐释或是提供佐证支持，但他为他的孙子达尔文充当了物种演变思想的家庭先驱，为之后达尔文的研究提供了理论出发点。相比之下，查尔斯·达尔文的演变理论富有条理，有说服力，有证据支持——否则达尔文不会出版。

达尔文选择用简洁的电报式文体来撰写笔记条目，对标点和语法不甚在意，笔记上有很多插入和划掉的文字、缩略语和不规范的拼写。他把 hereditary（遗传）误写为 heredetary，还把岛名 Sicily（西西里岛）误写作 Scicily（或者 Siicily?）——虽然这个小岛不像加拉帕戈斯群岛一样有那么多独特的动物，但是名字却更难拼写。达尔文脑中有太多想法，这些文字不过是他为了记忆所做的记录罢了。他以宏大的问题为开篇："为什么生命如此短暂?"跟随祖父的研究，他问道："为什么性如此重要?"由此出发，达尔文开门见山，提出了一个重要的见解：有性生殖以某种方式使生物产生了变异，所以亲子代间互不相同。同代之间也互不相同，除非是双胞胎。体态特征代代变化，智力和本能也是如此。结论就是"适应性"。最终结果如何呢? 达尔文提出，在一个小岛上放一对猫或者一对狗，让它们自由生长，尽管有天敌，它们的数目也会慢慢增长。"谁敢预测结果究竟如何呢?"达尔文默默地问自己："由此看来，如果动物在相隔的岛屿上待的时间够长，它们最终会变成不同的物种。"这就要求岛屿条件十分简单，分散孤立，还有不规则的生物群，这些就像是思想实验的前提条件，有助于达尔文理清思绪。

比如加拉帕戈斯群岛上的象龟和嘲鸫，或马尔维纳斯群岛①上的小狐狸，“每一个物种都在变化”。达尔文写道。单单这句话就是个大胆的言论，与当时正统的科学和宗教理论鲜明对立。此外，达尔文大胆猜想，变化的物种是由一个物种连续演变而来的，这样就产生了物种“属”之间的区别联系，也拓展了物种分类，比如科、目、纲，以展现生物的多样性。达尔文在其中一页笔记上画了一张亲缘关系简图，像一棵树干，不断分枝。他在每一个分枝的末端都标记了一个字母，代表一个物种。鸟类和哺乳类，脊椎动物和昆虫，甚至还有动物和植物，都是从同一株原始树干上长出来的分枝。达尔文思维开阔，天马行空。接着，他写道：“天知道这是否和大自然一致：小心哪。查尔斯，你不必急于求成，小心谨慎为上。”

笔记B的标志性意义，除了是达尔文勇敢跨越到进化思考的私人证据，还记述了达尔文收集整理的丰富事实、概念、来源和主题，其中一些内容是他未来几十年研究和论证的核心材料。达尔文紧紧抓住适应性这一点，他发现子代间的变异使得适应成为可能。达尔文也认识到了生物地理学（物种分布在地理上的特征）和生物分类（如何将生物归到不同种类）作为物种的演变和分歧的证据的重要性。他把精力放在生物的基本结构上——这些肢体和器官看起来都太小、太原始，毫无用处，仿佛还没有完全成形，或者后来变得难以复原。这些基本器官也存在于人类身

① 马尔维纳斯群岛，英国称“福克兰群岛”（the Falklands）。

上。达尔文无休止地求索，渴望答案。为什么男性会有乳头？为什么有的甲虫，尤其是生活在多风岛屿上的甲虫，会把良好的翅膀封在从不打开的鞘翅（昆虫坚硬的角质前翅）之下？为什么睿智、忙碌的上帝会创造出这种既无聊又浪费的东西？

不会飞的甲虫令达尔文困惑不解，有着圆圆小翅膀却不能飞的鸟类也让他十分诧异，比如鸵鸟、企鹅、巴塔哥尼亚的走禽，以及新西兰的无翼鸟。“无翼鸟，”他写道，“可能是原始骨骼的有力例证。”达尔文随“小猎犬”号在新西兰停留时并没有收集到任何一只无翼鸟的标本，甚至没有亲眼看到过。他没有用当地的毛利语称它为“几维鸟”。但他通过阅读，认识到无翼鸟是这大团谜题中的一小部分，将在之后的研究中占有一席之地。

3

两年来，达尔文一直过着奇特的双面生活，他仿佛是一个间谍，身处英国科学大厦的走廊——彼时的英国科学大厦根植于自然神学的土壤，与英国国教正统一唱一和。

当时，生物学还不是一门独立的学科。研究自然是虔诚的敬神行为。许多博物学家都是牧师，星期日布道，其余时间观察鸟类、收集昆虫，比如吉尔伯特·怀特[1]，他于 1789 年首次出版了内容翔实、文笔优美的自然志《塞尔伯恩博物志》（*The Natural*

---

① 吉尔伯特·怀特（Gilbert White，1720—1793），英国博物学家，被誉为“现代观鸟之父”。

History of Selborne)；又如约翰·雷[①]，铁匠的儿子，毕业于牛津大学（当时的牛津大学和剑桥大学还属于教会学校），于1691年顺应时势出版了《上帝在创造中显示的智慧》（*The Wisdom of God Manifested in the Works of the Creation*）。1802年，威廉·佩利（William Paley）出版了《自然神学：从自然现象中收集的关于神性存在和其属性的证据》（*Natural Theology: Evidences of the Existence and Attributes of the Deity, Collected from the Appearances of Nature*，简称《自然神学》），达尔文在剑桥求学时曾把这本书当作消遣读物。在书中佩利普及了"神圣的钟表匠"的比喻，向大众解释了"神是存在的"：假设我们发现地上有一块表，我们会推断一定有一位或一群工匠出于某种目的制造了它；如果我们在自然界发现了结构复杂巧妙、适应性极强的动植物，那么同理而言，一定是有个强大的造物主创造了它们。19世纪30年代出版的丛书《布里奇沃特论文集》（*Bridgewater Treatises*）由诸多当时备受尊敬的研究者撰写，其中八篇论文进一步论述了上帝的智慧和力量，并且说明了上帝是如何一点一点地直接创造了自然界。科学哲学家威廉·惠威尔（William Whewell）是论文撰写者之一，他学识渊博，在很多领域有深远影响，还发明了"科学家"一词。惠威尔在论文中称天文和物理都是"有关自然神学"的学问。

佩利的自然神学理论背后是根深蒂固的传统思想，比如本质论认为现实世界由数量有限的"自然类"（natural kinds）建构，

---

① 约翰·雷（John Ray，1627—1705），英国博物学家，系统动物学的奠基人，17世纪时第一个提出要对物种进行分类的人。

世上的任何一个实体都由其本质或原型所支撑。这一理论最早可以追溯到柏拉图。在柏拉图的影响下，本质主义者认为自然类相互独立，不可变化，物理实体仅仅是其不精准的表现形式。几何形状就是这些自然类的表现之一，比如三角形永远是三边，它可以具备多种多样的次要特征（等边、等腰、不等边），但永远不会是矩形或八边形。另一个例子是无机元素：铁永远是铁，铅永远是铅，除非炼金术士能找到神奇的方法把铁和铅转变为黄金。动植物也属于这种自然类，虽然有些种类的狗或鸡可能会出现不同的个体，但是物种之间的界线泾渭分明，不可变化。按照本质论，在特定时间内，物种的本质比个体拥有更根本、更稳定的特征。这也是威廉·惠威尔在1837年着重强调的一点："物种在自然界拥有一个真实的存在，从一个物种变为另一个物种的过渡变化并不存在。"相信其他观点就是同教会教义和民间公理背道而驰。

惠威尔是当时举足轻重的知识分子，他兴趣广泛，著作涵盖地质学、矿物学、政治经济学、伦理哲学、日耳曼文学、天文学和生物学等领域。他对物种的看法出自他的著作《归纳科学史》（*History of the Inductive Sciences*），这本书在佩利的《自然神学》之后出版，观点更为激进。其他与惠威尔同时代的英国科学家和哲学家，比如约翰·赫歇尔[①]和约翰·斯图尔特·穆勒[②]，虽然

---

① 约翰·赫歇尔（John Herschel，1792—1871），英国天文学家、数学家、化学家、摄影师，天文学家威廉·赫歇尔的儿子。

② 约翰·斯图尔特·穆勒（John Stuart Mill，1806—1873），英国著名的哲学家、心理学家、经济学家、古典自由主义思想家，最早把实证主义思想从欧洲大陆传播到英国，并与英国经验主义传统相结合，著有《论自由》等。

在科学方法和逻辑上存在分歧，但这些分歧都建立在他们对自然类理念的认同之上。在法国，杰出的比较解剖学家乔治·居维叶①提出了一种动物分类系统——将动物分为四大门，或者说四大类，这一分类也建立在本质主义假说之上。居维叶认为，寻找动物世界的秩序意味着检验每个物种潜在本质相一致的证据，而不是寻觅物种会随时间变化的线索。当代科学哲学家大卫·霍尔（David Hull）在研究19世纪生物学理论时发现了不少本质主义的迹象。他总结道："历史上很少有公开对立的科学理论和形而上学能像进化论与物种不变论这般冲突对立。"

达尔文回到剑桥后阅读了赫歇尔和佩利的著作，而惠威尔是剑桥大学的矿物学教授。对达尔文来说，本质论和自然神学就像空气里弥漫的煤烟和马厩发出的臭气一样无处不在。诚然，这些看法并不是人们立足当代思考自然界的唯一观点。19世纪30年代，在伦敦和爱丁堡的私立医学院里，人们的想法更为开放、广阔，其中一些进步思潮涉及早期的进化论。但是这些学院所聘之人皆为专业的解剖学家，教授人体解剖课程，没有可继承的家庭财富，依靠所得薪酬生活，政治倾向较为激进。除了行医的家庭传统外，他们和达尔文毫无共同之处。达尔文16岁时曾跟随（子承父业的）哥哥到爱丁堡学医，但他对此十分厌恶。两年后，达尔文厌倦了无聊的课程，受够了没有麻醉的血腥手术，转到剑桥接受相对平淡、温和的教育。达尔文在基督学院学习成为一名神职人员，这并不是出于某种职业追求（达尔文并不虔诚）或是

① 乔治·居维叶（Georges Cuvier，1769—1832），著名的古生物学者，提出了"灾变论"，解剖学和古生物学的创始人。

对教会的承诺（达尔文的母族是一神论者；而达尔文的父族，包括祖父，都是自由思想者），照理推测，达尔文选择这个专业是想成为一名受人尊敬的神职博物学家，向吉尔伯特·怀特看齐。而“小猎犬”号航行断了这条路。“小猎犬”号带着达尔文离开基督学院去远行，最终又将他带回了故土，回到他的老师和朋友等人当中，包括剑桥大学的约翰·亨斯洛[①]和亚当·塞奇威克（Adam Sedgwick），伦纳德·杰宁斯（Leonard Jenyns），昆虫学家弗雷德里克·霍普（Frederick Hope），以及威廉·惠威尔，他们都是英国国教神职人员。甚至达尔文眼中的科学楷模查尔斯·莱伊尔，在写《地质学原理》一书时也吸收了不少生物神创的正统见解。1837 年到 1838 年，达尔文终于下定决心，迈出了背离主流思想的第一步。达尔文持有的物种可变观点同本质论直接对立，也同所有建立在本质论上的科学神学观点相悖。达尔文把这些隐秘的思考记录在物种演变笔记中，对外则把自己塑造成一名善于交际、不断成长的年轻博物学家。

达尔文以太过忙碌为借口减少了社交活动，之后担任了皇家地质学会主席惠威尔的秘书。他完成了“小猎犬”号航行日志的手稿，但是直到菲茨罗伊的书写完之后才得以出版。同时他还接受了另一项大型出版工作——汇编《“小猎犬”号的动物学》（*The Zoology of the Voyage of H. M. S. Beagle*），该书有多卷，他担任主编，在英国财政部的拨款资助下收集整理各方专家的意见，撰写书籍的介绍评论，委托绘制价格不菲的插图。他同政府、教

① 约翰·亨斯洛（John Henslow），达尔文探索自然界神奇奥秘的导师和领路人，原是剑桥大学的矿物学教授，后担任该校植物学教授，还兼任圣玛丽小教堂的副牧师。

会和科学界绅士交好，如鱼得水。但私下里，他继续在笔记本上记录着自己离经叛道的想法。

笔记 B 写完后，达尔文开始了笔记 C 的写作。这是一本栗色封皮的笔记本，后续还有笔记 D 和笔记 E，内容均有关于生物演变。达尔文博览群书，阅读了不少探险书籍和博物学著作，还涉猎了不少有关动植物养殖、科学历史和科学哲学的书。同时，他开始试着向了解他古怪兴趣的人提一些隐晦的问题。达尔文听取了知识渊博的父亲的想法，得到了很多关于人类精神属性的见解；他也询问了父亲的园丁和家畜饲养员有关家养动物变异和遗传的事情。对达尔文来说，这其中有太多需要探索和思考的未解之谜。遗传是如何发挥作用的？物种和变种之间的区别是什么？物种在世界上的分布能得出什么结论？他注意到大洋洲所有的岛屿上都分布着有金黄条纹的石龙子①；马尔维纳斯群岛上的野猪长着坚硬的砖红色毛发；摩鹿加群岛②上的翠鸟和欧洲大陆上的翠鸟几乎没有差别，只是摩鹿加群岛上翠鸟的鸟喙更长、更尖，这些翠鸟是不同的物种还是同种翠鸟的变种？让达尔文好奇的还有新几内亚的鹤鸵（cassowary）、马达加斯加岛上的马岛猬（tenrec）、圣赫勒拿岛上的壁虎。他还写道，太平洋中部的岛屿上没有蛇。1764 年引入马尔维纳斯群岛的黑兔如今的后代有了其他的毛色。线索，线索，全是线索。这意味着什么？它们是如何适应下来的？爪哇岛的杜鹃、苏门答腊岛的杜鹃和菲律宾群岛的

---

① 石龙子（skink），一种蜥蜴，也称山龙子、猪婆蛇等。

② 摩鹿加群岛（the Moluccas），马鲁古群岛的旧称，是印度尼西亚东北部岛屿的一组群岛。古时以盛产丁香、豆蔻、胡椒闻名于世，早期印度、中国和阿拉伯的商人称之为“香料群岛”。

杜鹃是相同的物种还是不同的变种？达尔文穷尽方法收集任何可能与之相关的资料。他还去摄政动物园①观察了新引进的猩猩。他贪婪地收集这些看似不相关的事实，绞尽脑汁想把一切联系起来。这项研究任务强度极大，也需要深思熟虑。研究时间都是他从公开活动中忙里偷闲得来的。

达尔文思忖，"物种变化一定进行得非常缓慢"，不会比家畜饲养人给动物配种快。不管变化是否缓慢，还有一个问题要解决：动物间可以自由杂交时，不同的适应性差异不会模糊不清吗？如果是这样，那么"所有积累下来的变化都不能传下去"。或许是隔离通过某种方式阻止了这些现象，或许是异种间的不育（例如家养育种中的杂交不育）使得累积的变化得以持续。目前看来，达尔文在笔记本上写了不少大胆的想法，尽管这些想法还不成熟，但他仍称之为"我的理论"。然而达尔文此时还未对他的理论进行整合，他仍在不断摸索，想要看清各种现象，更不必谈找到一种解释各种现象的机制。他建议自己"研究生物体间的战争"。想象一下：人类不存在，猴子经过繁殖、改良，最终产生了某种不同的智慧个体，这些个体像人，但又不是人，从四足的树栖动物演变而来。这确实很难理解，但可能比莱伊尔缓慢渐进的地质演变观点更容易理解。莱伊尔正是用这种地质演变理论来解释地质上产生的所有重大变化的。达尔文提醒自己：想想无翼鸟。如果新西兰被划分为多个岛屿，那么现在会有许多无翼鸟物种吗？

1838 年春天在笔记 C 上记录的 75 页笔记，表明达尔文信心

① 位于伦敦摄政公园（the Regent's Park）内。

大增。达尔文承认，在这些问题上打破砂锅问到底是一种“颇为费力和痛苦的思维考验”，需要冲破固有理论的偏见束缚，锲而不舍地长期思考，克服巨大的困难。但是，人一旦认同物种“可能会从一种演变为另一种”之后，就会接受“整个自然神学体系根基不稳，经不住推敲”的想法。张眼看世界，达尔文如此提醒自己。达尔文研究之广，涉及物种间的过渡、地理分布、化石记录、灭绝生物和现存类似生物的交叉地理分布。他把所有证据联系在一起思考，激动地说：“自然神学大厦将倾！”

对达尔文来说，自然神学理论已经被推翻，取而代之的是进化论。进化论不仅关乎嘲鸫、兔子和石龙子，还关乎整个自然界。“但是人类——伟大的人类，”他在笔记中写道，试图把思路延伸到人类身上，危险至极，“人类是个例外。”但后来，他又补充道：显而易见，人类属于哺乳动物；人类不是神，拥有许多和动物相同的本能和感觉。达尔文在之前有关人类的第一条看法下画了三条线，否认了这个观点，坚定地总结道：“不，人类不是例外。”产生这种惊人的想法后，查尔斯·达尔文决定永不退缩，承受各种压力，不惧任何后果。

4

这些思考影响了达尔文的身体健康吗？或许如此。达尔文正是从动笔撰写物种演变笔记时开始抱怨自己的慢性病的。心悸、反胃、呕吐、头痛、神经性兴奋、肠胃紊乱——这些神秘症状让他痛苦不堪，足够拖累他的研究进度。是得了忧郁症吗？还是患上了神经衰弱？是否他随“小猎犬”号停靠在阿根廷时，被致病的虫子咬过而染上了疾病？直到今天，人们还一直在猜测他的病因，但是依旧没有答案。

“小猎犬”号起航之前，达尔文有过心脏不适，这或许反映了他高度紧张的精神状态。但他看上去是个健康的年轻人，并且在五年旅行中的多数时间里一直保持身体健康。当然，达尔文晕船，偶有胃部不适或发烧，但这些症状在从未去过热带地区的人身上很常见。在南美上岸时，达尔文不辞辛苦，长途跋涉，做了不少冒险之旅。他回国之后体重增加了16磅（约7.25千克），这是一个好迹象，说明雅典娜俱乐部的食物很合他的口味。1837年9月，达尔文给剑桥的恩师约翰·亨斯洛写信说：“我近来身体不适，总是心悸。”他还补充道，医生建议他不要工作，到乡村去度假，他照做了。“我觉得我必须要稍事休息，否则我的身体会垮掉。”达尔文在什鲁斯伯里的家中和父亲姐妹待了几周后，又给亨斯洛写信说：“任何让我惊慌失措的事情都让我精疲力竭，心悸不已。”社交活动和激烈的对话给达尔文带来不少紧张情绪。冲突，或者冲突的念头，最让他紧张。八个月后，达尔文又向老朋友福克斯说了同样的话：“我近来身体不适……”可是达尔文要做的、要学习的、要思考的事情太多了。他不能生病，代价太大了。与“小猎犬”号相关的事务和关于演变理论的思考并没有帮他克服胃部的不适。达尔文此时开始考虑结婚，可能他认为婚姻会让生活更简单，但结果恰恰相反。

达尔文并不是执意要和某个人结婚，他只是在考虑婚姻这种状态——对于一个男人来说，婚姻是人生大事，生命里重要的一步。结婚是他应该做的事情吗？也许伦纳德·霍纳的女儿们因为太过聪慧活泼，没有吸引到他。他也没有特意提到过任何青睐的对象，但是结婚一事在他脑海里一直挥之不去，或许是因为和另一件大事——钱密切相关。长远来看，他要如何承担开销？要吃饭，要买书，他还想再次旅行（要用一种比挤在海军军舰上舒适得多的方式）。他目前所得的补助大概可以支付上述这些费用，但是不够赡养妻儿。在这点上，达尔文没有意识到威严的父亲拥有多么巨大的财富，也没有意识到父亲的慷慨之心。他认为结婚意味着他不得不找个拿薪水的固定工作。做什么工作呢？他没有接受过完整的医学训练，鉴于信念和信念之外的想法，当然也无法掩藏真正的自己去做一名牧师。他考虑在剑桥谋一个教职，或许可以当一名地质学教授。达尔文对待婚姻问题有点儿书呆子气，一板一眼，还容易焦虑。他把想法写在笔记上，努力在婚姻和金钱上寻求解决之道，就像努力探索物种演变理论一样。达尔文对待时间和精力非常节约，对纸张也是一样——他在给伦纳德·霍纳信件的空白处写了对婚姻的想法。或许这也是他拒绝霍纳女儿们的方式。

“如果不结婚，”他在某一栏的顶部写道，接着列举了不结婚的好处：可以去欧洲旅行；可以去美洲，在美国或者墨西哥做地质考察；可以在伦敦拥有一所更好的房子，靠近摄政公园，以便进行物种研究；可以养匹马；夏天可以出去度假；可以成为某些动物物种的收藏家，研究它们的亲缘关系。这些听起来还不错。“如果结婚，”他写道，接着列举结婚的坏处，好像在说服自己不要结婚，“有义务赚钱养家。”没有夏日旅行，也不能去乡间放风，更没有丰富的动物收藏和书籍。呵！他能忍受住在伦敦一所挤满孩子的小房子里，闻着乏味的食物散发出的贫穷气息吗？

“就像一个囚犯?”如果他能在剑桥谋一份教授的差事，情况可能会好一点。他想：“我的命运不是做一名剑桥教授就是做一个穷人。”当然，达尔文错了。但他在婚姻选择中表现出来的认命态度暗暗影射出他非常想要一个妻子。

达尔文需要给大脑放空一下。1838 年 6 月下旬，他离开伦敦，远离压力——《“小猎犬”号的动物学》的编辑工作和皇家地质学会的事务，或许秘密笔记的写作也给他带来了不少压力，只有把笔记 C 收进口袋才没有这种感觉——达尔文动身去了苏格兰，做一些实地的地质考察。他去了位于苏格兰高地的罗伊河谷（Glen Roy），河谷因奇特的山坡阶地而闻名。不管是不是在度假，达尔文都保持着敏锐的观察力和活跃的思维。在罗伊河谷待了八天后，他对这种阶梯状地貌有了自己的见解。一回到伦敦，他就从其他事务中抽出时间写了一篇关于罗伊河谷的论文。但是南下时，他在什鲁斯伯里的家中作了短暂停留。

达尔文同父亲交谈，得到了父亲坦率而让人欢喜的建议：不要为钱烦恼，他会有足够的财富，也会结婚，直到享受天伦之乐。达尔文出生时，父亲已经 43 岁了。父亲的财力支持让他重新开始考虑婚姻。他在另一张纸上又列举了结婚的好处和坏处，这次“结婚”一栏更长，写在了左边；“不结婚”一栏较短，写在了右边。婚姻会给他带来一位终身的伴侣和朋友，“再怎么样都比养条狗好”。一个人的一生全部献给工作，令人无法容忍。“要想象有一个漂亮温柔的妻子，坐在温暖火炉旁的沙发上，有书，也许还有音乐……”霍纳的女儿们和这个画面并不搭。翻到下一页，他继续写道：“由此证明，结婚是必要的……结婚时间？迟早。”另一个他要问的问题恐怕是：结婚对象是谁？

达尔文回到伦敦前，前往邻郡拜访了舅舅乔赛亚·韦奇伍德（Josiah Wedgwood）一家，他们家族是有名的瓷器商，靠经营瓷器获得了巨大财富。舅舅家是达尔文在自家之外最为熟知的地方。父亲脾性粗鲁，而舅舅韦奇伍德和蔼可亲，这样看来韦奇伍德家可能是最安全的地方。噢，这儿还有韦奇伍德家未出阁的姑娘们。

5

此时达尔文开始了笔记 D 的写作，这是他物种演变理论系列的第三本笔记。“我的想法真是大胆，”达尔文写道，这个想法是指他对物种起源的伟大思考，而不是对罗伊河谷的小研究，“我的理论试图解释或者宣称可以解释动物所有的本能。”是的，他在笔记中断言动物的本能及很多有关动物的问题都是“可以被解释的”，但他并没有给出解释，只是指出了“物种之间通过共同祖先相互联系”的事实。那时，达尔文仍然没有提出任何机制来解释演变的发生。他不断钻研，记录了不少有关疣鼻栖鸭（Muscovy duck）、白头萨塞克斯牛（Sussex cattle）、萤火虫和无翼鸟的资料。达尔文从解剖学家理查德·欧文处得知，爬行动物的骨架同鸟类的骨架十分相似，这在鸵鸟幼鸟身上显而易见。但是欧文没有打算深究爬行类和鸟类的相似点。“一定存在某种法则，”达尔文在笔记中写道，“不管动物的结构如何，该法则能够使其成倍繁殖，并加以改进。”但这种法则是什么呢？他现在还不知道。

尽管达尔文在自己莫名的病症上耗费了不少时间，但快到秋天的时候，他又调整到了最佳状态。他完成了罗伊河谷的论文，投入到另一份与“小猎犬”号系列出版物有关的地质文稿的写作研究中。达尔文继续思考物种演变，从另一本日记可以看出他也在“沉思宗教”。这份记录令人捉摸不透，可以肯定的是，达尔文的信仰之心并没有变得更虔诚。他很有可能在担心从自然神学中提炼出的宗教教条和他对物种起源的看法相冲突。他不断搜寻实例，切换思维角度，寻查权威看法，遍览东澳大利亚探险的日志、爱德华·吉本（Edward Gibbon）的自传、约翰·雷的《上帝在创造中显示的智慧》、沃尔特·斯科特（Walter Scott）的三卷本自传，还阅读了很多有关鸟类、埃特纳火山①、地貌学、认识论和巴拉圭的书籍。同样在 1838 年的 9 月，达尔文读了托马斯·马尔萨斯（Thomas Malthus）的《人口原理》（*Essay on the Principle of Population*）的第六版。

达尔文早先可能是经人口口相传了解过马尔萨斯，这和现代人因接受教育粗浅了解米尔顿·弗里德曼②和让 - 保罗·萨特的方式别无二致。达尔文的哥哥最喜欢和哈丽雅特·马蒂诺共进晚餐，而马蒂诺恰好是马尔萨斯的忠实读者。《人口原理》第一版于 1798 年匿名发表，后来多次再版，每版都有变动，但基本观点不变。该书从政治经济学角度冷静客观地分析人口，为之后辉格党冷酷无情的福利改革奠定了基础。在马尔萨斯看来，简单的慈

---

① 埃特纳火山（Mt. Aetna），意大利西西里岛东岸的一座活火山，欧洲海拔最高的活火山。埃特纳火山的名字来自希腊语“Atine”，意为“我燃烧了”。

② 米尔顿·弗里德曼（Milton Friedman，1912—2006），美国著名经济学家、芝加哥大学教授、芝加哥经济学派领军人物、货币学派的代表人物，1976 年获诺贝尔经济学奖。

善和救济有害无益，只会促进贫困人口的增长，却不能增加全国的粮食供给，从而造成全社会物价上涨；消灭盲目救济，强迫穷人作为劳动者参与竞争，或者把他们囚禁在济贫院，教导他们过度生育的坏处，如此一来，即便普遍贫困得不到彻底解决，也能得以改善。这就是马尔萨斯的社会学逻辑，严苛冷酷，还有一点夸大和扭曲。达尔文为人温和，心地善良，很可能早就间接了解过马尔萨斯的理论，但觉得它太过无情。

直到亲自读到马尔萨斯的书籍，达尔文才发现，马尔萨斯在书里不仅提到了人口，还提到了动物和植物的增长。马尔萨斯在第一页解释了本杰明·富兰克林的观点：每个物种都有超出其生活资源承载力的繁殖趋势，除了“数目过多，不利于彼此生存”这一因素外，没有任何其他东西能限制个体的总数。富兰克林假设，如果将地球上的生命都清空，重新孕育一到两个物种——比如茴香和英国人——在短时间内，地球上到处都会是茴香和英国人。物种数量以几何级数增长，也就是说，每一代都是在某些因素影响下成倍增加而不是算术相加。马尔萨斯计算出人口数量每二十五年固定增长一倍。对茴香而言，因为每株茴香上有几百颗微小的果实，所以茴香的固有增长率会更高。但是固有增长率只代表了一种生物学可能，这种极端的增长鲜有发生。在正常条件之下，相对于什么都没有的星球，繁盛的星球通过马尔萨斯所称的“限制条件”来防止物种增长失控。

最终的限制条件是饥荒。对于人类来说，人口呈几何级数增长，但大力开荒和提高农业生产水平带来的粮食增长却是简单的算术级数增长。也就是说，人口数量以 2，4，8，16，32，64，128 的顺序增长，而生活资源则按 2，3，4，5，6，7，8 的顺序增加。在饥荒期间，食物供给直接限制了人口数量。另一种限制是自愿式的：主动节制婚内生育，晚婚，或者终止妊娠（马尔萨斯作为一名前维多利亚时代的神职人员，不支持这种方式）。其他的限制也会存在：人口过多、有害的工作、极端贫困、极差的儿童护理、地方病、瘟疫、战争或者其他可能造成绝育、禁欲或者夭亡的方式。马尔萨斯写道，一般情况下，可以把这些归结为“道德约束、罪恶和痛苦”。读到这些，达尔文恍然大悟。相比道德约束和罪恶，他对可能让嘲鸫、象龟、猿猴或者茴香感到“痛苦”的事物更有兴趣。

达尔文在笔记D中反复思考“从马尔萨斯理论中推断出的物种战争”。他写道，和人口数量增长一样，动物数量的几何级数增长也受马尔萨斯式的限制约束。他的思考为之一新。以博物学家熟悉的欧洲鸟类为例，它们的数量一直相对稳定（至少在达尔文所处时代是这样）。每年每个物种中都有一部分死于鹰的捕食、严寒或其他原因，死亡率大致同幼鸟出生率相当。食物和筑巢空间相对有限，但是育鸟、产卵、孵化使它们不断接近极限。一切相互联系，保持动态平衡。如果鹰的数量下降，那被捕食的鸟类的数量就会受到影响。在新思路下，达尔文认识到了捕杀、竞争、过度繁殖、死亡以及它们带来的结果。“人们可能会说存在某种力量，力度如同十万个楔子一般”，达尔文写道，这种力量试图“把有适应结构的物种楔入到大自然经营管理之下的空隙中，或者确切来说，这些物种通过排挤弱者造就挤进去的空间”。这些楔子挤入空隙的最终结果就是“一定会挑选出合适的结构来适应变化”，达尔文补充道。

在速记涂鸦之中，达尔文形成了这个伟大的想法。很多年后，他详述细节，称之为“自然选择”。

6

这个楔子比喻出现在达尔文1938年9月28日的笔记上，然后发生了一件奇怪的事情：他顿悟之后却什么都没做。达尔文收好手中的牌，对世界丝毫不露声色。

私下里，达尔文继续记录思考。笔记D以对有性繁殖代间的“不同点”（即变异）的看法结尾，接着他又开始写作下一本——笔记E，其中提起“我的理论”时信心大增。达尔文的理论解释了微小变异如何在不同的环境下累积形成特定的适应性。他认识到，他的理论对其他人来说会是一颗难以下咽的药丸。为了尽量把他的想法分门别类，达尔文开始了笔记N的写作，记录在思考科学的过程中触发的一些“形而上学的问题”。狗有良心吗？蜜蜂有社区责任感吗？人的良心是固有的本能还是适应社会的行为？人的思想只是人体的一个功能吗？人们认识上帝是良心本能的自然思考吗？几个月前，达尔文就上帝和良心提出了相同的问题——“神性之爱”是否只是人脑产生的——接着他愉快地自我批评道：“哦，你这个唯物主义者！”现在，达尔文对唯物主义的理解越来越深，越来越坚定，没有原先那么困惑了。但他仍然没有准备将自己的想法公之于众。达尔文知道，在当前的时代背景下，政治上出现了人民宪章运动、医疗教育民主化和“济贫法”修正案，涌现了不少支持唯物主义进化论的激进人士，但他们和达尔文并不是一类人。

这是达尔文一生中最忙乱的一段时光。他中断了与亲朋好友的书信往来，忙着与“小猎犬”号相关的事务，主持《“小猎犬”号的动物学》一卷的付梓工作，还要为自己的《考察日记》作序。这段时间他继续担任皇家地质学会的秘书。他的身体越来越差，却一直查不清楚病因，他不得不休息，只把最重要的思考记在笔记本上。“在证明了人和野兽的身体同属一类后，”他写道，“对意识进行思索就没什么必要了。”他继续补充道：“但我一定会克服万难。”11 月初，他主要记了两个主题：性的重要性和对法则的思索。有性繁殖（不同于无性生殖和出芽生殖——微生物和植物通过自身进行繁殖的方式）需要可遗传的变异，也就是说，由于亲代间的结合，亲代和子代间会有些许不同。基本法则（与神意不同）支配变异的产生和物种的演变。达尔文想阐明这些“生命法则”。他感受到了某种高度的危机感、兴奋感和孤独感，情绪交杂之下，他一反常态，冲动行事：他赶上了一趟前往斯塔福德郡（Staffordshire）的火车，出现在舅舅乔赛亚·韦奇伍德家中，向表姐埃玛求婚。这一举动真是不顾后果，鲁莽至极。

达尔文的求婚让埃玛十分惊喜。埃玛为人亲和，信仰虔诚，年届三十，在当时人们眼中快要变成一个“老姑娘”了。埃玛和她一位驼背的姐姐是韦奇伍德家还没有出阁的姑娘。所有表亲中，她和查尔斯·达尔文年龄最为相近，埃玛稍年长，两人从小就熟悉彼此。达尔文家族和韦奇伍德家族间一直有联姻：达尔文 8 岁时过世的妈妈是舅舅乔赛亚的姐姐；达尔文突然向埃玛求婚的前一年，他的姐姐卡罗琳嫁给了韦奇伍德家的长子约书亚；甚至达尔文的外祖母，嫁的也是自己的表兄。当时，表亲联姻在达尔文的社会圈层屡见不鲜。人们并非没有意识到近亲联姻会带来许多问题，否则他们直接就和自己的兄弟姐妹成婚了。近亲结婚的一个好处是双方可以守住家族财富，达尔文和埃玛的结合显然在某些方面有利于此。韦奇伍德家的媒人在此事上大概比两位当事人更为深思熟虑。达尔文和埃玛的年龄越来越大，看起来不太可能结为连理。达尔文在 7 月拜访韦奇伍德家时不时关注着埃玛，但也并未流露出浓郁的爱意，能让人从寥寥数语的对谈联想到结婚。现在，达尔文莫名出现在这里——他已暗自权衡结婚的利弊，最终认为自己应该找个结婚对象——来到埃玛面前，向她求婚，既唐突又谦卑。

求婚对双方来说都是惊喜。埃玛当即答应了达尔文的求婚，而达尔文却愣在了原地。过了一会，他们才完全回过神来，接受了求婚成功的现实。那天，韦奇伍德家并没有因此而喧闹不已。与其说埃玛对此感到恍惚，倒不如说她有些“不知所措”；达尔文则有点头疼。包括双方父亲在内的其他所有人，七嘴八舌地表达了他们的支持。是啊，查尔斯和埃玛，真是天造地设的一对。

但他们并没有那么般配，一个不合之处在于二人宗教信仰的矛盾。埃玛对圣经和基督教深信不疑，而达尔文开始不信教了。他不知道这种不信会将他带往何处，也不知道最终会走多远。但是，大概几个月前，父亲曾告诫过他，丈夫不需要跟妻子坦白对神学的怀疑。作为一名冷静、理性的医生，达尔文的父亲认为让妻子心忧丈夫的心灵救赎对谁都没有好处。夫妻双方也许会一直相安无事，但要是其中一人生了病，妻子一想到永恒的分离就会痛苦不堪，从而也会让丈夫心痛不已。达尔文很快就把父亲的建议（这是罗伯特·达尔文医生对查尔斯·达尔文最明智的劝告，也是这位父亲对儿子说过的最有先见之明的话）抛之脑后，把自己离经叛道的思考告诉了埃玛。他很可能没有和埃玛谈及物种演变和猴子祖先的话题，没有谈到人对神的想法是一种遗传的本能，也没有提及男人乳头的谜题。但是不管达尔文到底和埃玛坦白了多少，这些都足以让后者说出“我们之间存在一段痛苦的虚无”。之后，埃玛重新打起精神，感谢达尔文的坦诚，宽慰自己“真诚和发自内心的怀疑不可能是一种罪过”。

怀疑？把达尔文的言论称为怀疑已经是很客气的了。达尔文不仅仅是心存怀疑，而是已经有了一套全新的科学框架和形而上学的信仰。但是，如果埃玛愿意同他十指紧扣，不介意他们之间的空虚，达尔文也会如此。在达尔文所列举的婚姻利弊中并没有假定妻子应当是一名同他智识相当、富有哲思的灵魂伴侣。达尔文写信给朋友莱伊尔，告诉莱伊尔他订婚的消息，谈到他对埃玛“最真挚的爱和衷心的感激”——感激她“接受了”他。这或许是达尔文的肺腑之言：他的爱虽不炽热但是真挚，他的感激矢志不渝。

在置办婚房等婚前琐事向他袭来之前，达尔文回到伦敦，马上投入到了笔记 E 的写作中。11 月底，达尔文用他一贯潦草的标点风格在笔记中写道：

三个原则将解释这一切：

1. 孙辈，像，祖父辈；

2. 产生微小变化的趋势……尤其是生理变化；

3. 亲代能力范围内养活的众多子代。

陈述直白简略。这是他第一次完整地概述自然选择的三个因果条件：（1）亲子多代间的连续性；（2）后代遗传变异；（3）影响人口固有增长率的马尔萨斯因素，产生众多无法养活的个体。将这些加以联系就能解释物种是如何演变的。

笔记到此为止。达尔文在私人日记里写道："11 月的最后一周几乎都浪费了。"达尔文是在抱怨，还是在道歉，抑或是在吹嘘打趣自己思路打开后的轻松感觉？12 月初，埃玛进城和兄嫂待了两周，其间她和达尔文一起为建立爱巢奔波操劳，手忙脚乱，之后回到了斯塔福德郡。年末，达尔文又独自忙着寻找合适的房子，同时也读了点书，还不时被病痛折磨到只能卧床休息。下定决心结婚之后，达尔文迫不及待地想要举办婚礼。他给埃玛的信中洋溢着甜蜜之情。在其中一封信里，他洋洋得意地形容自己在度过漫长的一天后"愚蠢又自在"。

1839 年 1 月 29 日，达尔文和埃玛在韦奇伍德宅邸附近的一所小教堂完婚。达尔文的哥哥伊拉斯谟没有从伦敦赶来参加婚礼，埃玛的妈妈也卧病在床。他的父亲达尔文医生和舅舅乔赛亚都准备了丰厚的结婚礼金，并在档案局备案：达尔文医生慷慨出资 10000 英镑，韦奇伍德出资 5000 英镑，作为对新婚夫妇的投资，年利率 4%。这意味着达尔文不需要找工作就雇得起佣人。达尔文夫妇家族财力优渥，眼光长远。牧师艾伦·韦奇伍德（Allen Wedgwood）是埃玛和达尔文的表亲，为这对新人主持了婚礼。婚礼没有设招待婚宴，不是因为韦奇伍德家负担不起；这对新人没有度蜜月，也不是因为他们不想有属于自己的时光。

达尔文和埃玛婚礼当天就离开了斯塔福德郡。他们在回伦敦的火车上同饮一瓶水、共享三明治，以此庆祝结婚。这是他们庆祝结婚的独特方式，安于平静，不喜热闹。而达尔文也需要重新投入工作中。

几维鸟的蛋——自然选择学说

The Kiwi's Egg

1842—1844

7

我们可以把自然选择学说想象成一枚在达尔文心中慢慢孕育成形的鸟蛋，排卵、受精，然后开始成长，从单个微小卵细胞开始，尺寸不断变大，直到成长到产卵。可别把它想成鸡蛋或者鹅蛋，抑或是鸵鸟那种木讷禽鸟的巨型蛋。既然这枚鸟蛋是自然选择学说，这鸟是达尔文，不如把它想象成几维鸟的蛋。

几维鸟鸟喙细长，身形圆润，没有翅膀，羽毛如发丝般细腻丰盈，通常在黑夜的掩护下外出觅食。几维鸟有不少种类和亚种类，集中分布在新西兰，并且只分布于新西兰。几维鸟是平胸类鸟，与鸵鸟、美洲鸵、鸸鹋和鹤鸵亲缘关系最近。已经灭绝的两种巨型鸟——马达加斯加象鸟和新西兰恐鸟也属于平胸类。如果这些鸟都是近亲，没有翅膀不能飞，我们不禁要问：它们是如何到达南美洲（美洲鸵）、澳大利亚（鸸鹋和鹤鸵）、新几内亚（更多的鹤鸵）、马达加斯加和新西兰这些遥远的、与世隔绝的大陆和岛屿的呢？似乎只能用“走过去”来解释。平胸类谱系可以追溯到冈瓦纳大陆①分裂为陆地和岛屿之前的时代。广泛分布的远古平胸类鸟行走在冈瓦纳大陆上，后来大陆分裂，各部分漂流四散，这些巨型鸟就像随着冰山而去的企鹅一样，快速分散开来。

几维鸟体型比其他平胸类鸟小，个头甚至还没吃饱的小鸡

① 冈瓦纳大陆（the Gondwanaland），一个推测存在于南半球的古大陆，也称南方大陆，它因印度中部的冈瓦纳得名。

大。分类学家在几维鸟的种类数目和学名上意见不一，但是目前公认它有四种：北岛褐几维鸟、褐几维鸟、大斑几维鸟、小斑几维鸟。[①] 小斑几维鸟是理查德·欧文命名的，他在1838年向皇家动物学会提交了论文《几维鸟解剖研究》（*On the Anatomy of the Apteryx*）。达尔文对欧文的论文有所耳闻，在笔记D中有所提及。达尔文认为几维鸟最引人注意之处是其微小的呼吸系统，这说明它在野外环境中是一种胆怯、耐心的小型鸟类，懒于运动，不需要强大的呼吸系统。欧文仅有一份可供解剖的雄鸟标本，他只是一名解剖学家，不是生理学家，也不是野外博物学家，因此没有关注到几维鸟的一些独有特性，比如减少的肺活量、异常敏锐的嗅觉、对鸟类来说过低的体温、隐蔽性与侵略性并存的奇特行为。达尔文同样没有注意到这些，也没有注意到几维鸟在生物学上最独特显著的事实：这些小几维鸟的蛋巨大无比。

雌性褐几维鸟体重不到五磅，鸟蛋却重达一磅，即鸟蛋重量占雌鸟总体重的20%。某些几维鸟的蛋重能达到体重的25%。相比之下，雌鸵鸟的鸟蛋重量还不到体重的2%。虽然有的禽类——比如蜂鸟——会产下相较于鸵鸟体重比更大的鸟蛋，但完全不能与几维鸟比肩。以其他鸟类为参考标准，考虑到褐几维鸟的体型，其鸟蛋大小是它在正常比例下大小的六倍。几维鸟蛋含有大量超过正常比例的蛋黄，雏鸟在刚刚孵化之后会依靠蛋黄提供的能量生存。几维鸟蛋的成长期为24天，一旦开始生长，它就

---

① 北岛褐几维鸟（Apteryx mantelli），曾经是褐几维鸟的亚种，2014年被认定为独立物种，分布于新西兰北岛。褐几维鸟（Apteryx australis），又称鹬鸵，分布于新西兰南岛、北岛和斯图尔特岛，也是数量最稀少的种类。大斑几维鸟（Apteryx haastii），又称大斑鹬鸵。小斑几维鸟（Apteryx owenii），又称小斑鹬鸵。

会像塞进袜子里的袜撑一样，塞满雌鸟的身体。雌鸟需要连续三周拼命进食以支撑如此硕大的胚胎的成长，到最后两天才会停止进食。这时，雌鸟的肚子已经被鸟蛋撑到连一只蟋蟀也吃不下去。传说“有时候有蛋的雌鸟会把肚子浸泡在冷水洼里消炎和休息”。雌鸟成为母亲的过程充满了痛苦。

一张拍摄于雌性几维鸟在产前15个小时的X光照片显示了它的头骨、长喙、曼妙的S形颈部、拱起的脊柱、蜷缩的大腿，在它们中间则是巨大光滑的鸟蛋——就好像日全食时的月亮，而雌鸟就是日冕。这非常不可思议。雌鸟是怎么孕育它的？雌鸟要怎么产下它？它对雌鸟会不会感恩，还是会招惹雌鸟，甚至把雌鸟折磨得痛苦不堪？

几维鸟硕大的鸟蛋引出了很多有趣的进化问题。首先，几维鸟的鸟蛋为什么这么大？雌鸟付出百般心血只孕育一只雏鸟（雄鸟主要负责孵化），这能使几维鸟在适应性上获得什么优势？漫长的演化中，几维鸟谱系又是如何变化的？几维鸟蛋是不是进化得越来越大了？还是说，几维鸟的鸟蛋大小并没有发生变化，而是几维鸟从巨型鸟进化得越来越小了？如果真是鸟蛋大小不变而几维鸟体型变小，为什么会这样呢？这些问题与异速生长（对生物体内不同器官的生长速度和大小差异的研究）和几维鸟演化有关，也许会非常有趣。不过，异速生长并不是本篇重点所在。

几维鸟的蛋只是个比喻。每次看到那只几维鸟母亲的X光照片，我都会想：这就是孕育自然选择学说的达尔文啊。

8

1842 年春天，因三年前出版的《考察日记》意外畅销，达尔文成了一名小有名气的作家。他与埃玛已育有两个小孩，他还入选了英国最负盛名的科学学会——英国皇家学会。但是达尔文依然住在喧嚣浮泛、脏乱不堪的伦敦，安身于狭小丑陋的排屋，为五年航行衍生出的出版事务操劳，这些杂事虽不值得称道，但要求高超的专业技能。他的物种演变理论却没有新进展，没有出版任何有关著作。除了做一些杂乱无章的笔记，他没有写任何新的内容，与朋友通信时偶尔会语焉不详地提到自己正在研究物种和变异的问题。达尔文对亲密无间的同事莱伊尔也未再谈论他对物种神造说的质疑。在《考察日记》一书中，达尔文提到了加拉帕戈斯群岛上的雀科鸣禽和嘲鸫，不同的物种生活在不同岛屿上，但他不愿对此“稀奇古怪之事”刨根究底。他想将自己的理论告之他人，但他没有这么做。理论尚不完善，他也没做好准备。早在三年前他就完成了演变系列笔记，但一直搁置一旁。他迟迟未对这些“稀奇古怪之事”采取行动，显然是因为他工作太过忙碌，身体太过羸弱。

达尔文时不时被病痛折磨，间歇性地出现呕吐、头痛等莫名的症状，身体变得很虚弱。他借身体抱恙辞去了皇家地质学会的秘书工作。这个借口合理正当、恰到好处，因此，他得以全身心地投入自己的研究中。知识分子们在宴席上觥筹交错，而达尔文只觉得此类事情令人厌烦。他早就在“小猎犬”号的航行中克服了孤独，已经厌倦了他哥哥热衷的热闹社交活动。他早早开始筹划搬离伦敦科学界的事，打算避世隐居以研究、写作和养病。达尔文和埃玛的婚姻讲求务实，安于平静，双方关系直到死别一直如此：彼此之间亲密忠诚，但相互依赖程度迥异，埃玛一直照顾守护着达尔文。甚至在他们的孩子（其后有八个）降生前，埃玛就为他忙前忙后，操心不已。而埃玛对此似乎感到很满足，她无须为了深入参与达尔文的生活而费心成为他的智囊、速记员或是文字编辑。

此外，达尔文和埃玛在思维和信仰方面仍然存在“痛苦的空虚”，他们二人都无意辩驳此事。他们明白彼此对上帝、圣经、创世和来世的看法不同，分歧极大且无法消除。三年前，他们新婚不久，埃玛曾给达尔文写信，在信中真挚地写道，尽管达尔文对神不坚定的信念来源于科学，但她自己仍在奋力挣扎，想同他的信念妥协。埃玛承认自己左右为难。一方面，她渴望自己能够这么想：“你行事不违本心，祈愿真诚，对真理执着追求，你不会错的。”另一方面，埃玛不能总是这样宽慰自己。她担心达尔文“抛却信仰，追求科学，直至一切得以实证”的想法会使他忽视上帝启示的重要性。埃玛怀疑，哥哥伊拉斯谟“粗枝大叶的为人与对怀疑主义的信奉”过度影响了达尔文。她温和地提醒达尔文，如果他反对教理、抨击宗教的正统观点和精神奖惩的理念是错的，那么他的灵魂就处在危险境地了。“我们之间休戚相关，你的事就是我的事。”埃玛写道，“若我认为我们不会永远属于彼此，我将会心如刀锉！”达尔文不希望埃玛永远痛苦，现下如此，以后更是如此。因此，他更愿意避谈此类分歧——不管自己的理论究竟何时面世，至少要等到出版之后再谈此事。

但是达尔文从来没有忘记埃玛这封信。事实上，他把这封信保存在私人文件中，偶尔拿出来重温。

当下，达尔文需要专注于手头事务，保存心力。珊瑚礁的研究文集随时会出版，他在书中解释了珊瑚礁的形成方式，视角独创，有理有据。接下来，达尔文还会写一本研究火山岛的书。这些都是雄心勃勃的《“小猎犬”号的动物学》系列的计划内容。最后，他还要撰写三卷航行地质学见闻，再编辑五卷动物学。所有这些都需要时间，甚至是经年累月。时间都去哪儿了？达尔文尽量把一切都写进日记。他算了算，单单珊瑚礁一本书就倾注了他二十个月的心血。四年里，他在写《“小猎犬”号的动物学》和关于罗伊河谷的论文，研究其他地质项目，还不时研究下物种演变，余下的时间里安心养病。作为丈夫、父亲、一家之主，达尔文也要为家事花费不少时间和精力，尽管有管家、厨师、保姆和仆人。埃玛依然对神虔诚，时常祷告，而达尔文早已丢弃了这一习惯。5 月，达尔文和埃玛带领一家人到斯塔福德郡的韦奇伍德家度假。住了一个月后，达尔文独自回到什鲁斯伯里探望父亲和姐妹们，将埃玛和孩子们留在了斯塔福德郡。

达尔文把笔记留在了伦敦，但这并没有阻碍他继续思考。从工作中抽身度假的机会恰好使他可以将物种演变学说付诸笔尖。1842 年夏天的几周里，先是在埃玛家，而后在自己家，达尔文有充足的时间来安静地书写学说摘要，列举例证和陈述论点。达尔文用了铅笔来写，他称其为“梗概”，足足有 35 页。不同于物种演变系列笔记结构缜密、话题过渡清晰紧凑，这份梗概更像是笔记条目，十分简略，那些短语和句子的实际含义远超其字面含义（至少对达尔文来说是这样）。这份梗概实际上是他计划写作的物种演变著作的粗略大纲。

达尔文从家养动物的变异切入，指出鲜明的一点：家养动物的个体在大小、体重、色泽以及其他方面存在细微差异。鉴于这些差异可以遗传，家畜驯养人可以精心配种，延续甚至强化他们想要的家畜的特点。长时间的人为选择之后，家畜驯养人甚至可以培育出新的品种，比如赛马和挽马，肥牛和肉牛。这就是达尔文至关重要的类比理论。

达尔文从家养动物的变异延伸到野外生物的变异，进而延伸到他所说的“自然选择方式”。野外生物的变异可能不如家养动物的变异那么普遍和极端（在他看来），但在特定环境下，这些变异确实发生了。是什么造成了这些变异？达尔文尚不清楚，暂时也无关紧要。同家养动物的变异一样，野生生物的某些变异也具有遗传性。达尔文从马尔萨斯的学说中知晓了人口固定增长率和过多无法抚养的后代可能导致的后果，鉴于这些因素，基于不同的生存竞争力和交配机会，野生动物会受到不同程度的自然淘汰。看来，达尔文偶然想到的不光有家养动物的类比，还精心选出了一个术语——“自然选择”。达尔文默默写道，千万代累积的最终结果就是“改变形态”（alter forms）。

达尔文描述了会产生新物种的物理机制（至少是某一部分机制），但是否有实验证据表明这些新物种是通过器质性的变化依次演变产生的呢？的确有，达尔文在这份梗概的第二部分按类别简要列举了这些证据：恐龙化石、地理分布区域、基于形态相似性的物种分类系统、残迹器官（比如无翼鸟的翅膀），这些都证实了演变说，推翻了造物说。接着，达尔文将三种亚洲犀牛——爪哇岛犀牛、苏门答腊岛犀牛和印度犀牛——作为例子，写下结论，强调神创论者会认为这三种亲缘相近、具有“欺骗性外表”

的犀牛是造物主分别创造出来的。达尔文写道，他可以相信行星的轨道运动“不是受引力作用而是受造物主的意志驱使”，但如果所有物种皆由上帝亲手创造，那么人们也可以假设火星和木星在天空运动是上帝在玩悠悠球。这不可能，甚至是在亵渎上帝。如果上帝真的存在，那他岂不是现代人眼中微观管理的崇高佼佼者了？达尔文在暗示一个比自然选择还要宏大的想法：宇宙受法则支配而不受神意驱使，自然选择的物种演变仅仅是其中一条法则。

达尔文以雄辩结束了这份粗略的梗概。他写道，马尔萨斯笔下诸如“死亡、饥荒、掠夺、大自然不为人知的战争”等严苛的生存斗争创造了大量的高等动物，这让人获得了一种奇妙的安慰，“这真是既简单又伟大”。

> 尽管地球按照既有法则运动，土地和水循环其间，从生命的角度来看，它们最初只由一种或几种形式注入物质中而成，具有不凡的生长力、同化力和繁殖力，从如此简单的起源开始，彼此之间通过逐步筛选微小变化，一直相互取代，进而演化出了无穷无尽的、最美丽奇妙的形态。

达尔文在完善个人观点之路上迈出了举足轻重的一步。但这只是他的个人备忘录，即使在私下里，他也依然绝口不提人类起源。

9

夏末，伦敦比平时更加混乱，警察和卫兵严阵以待，警戒随时可能暴动的宪章运动示威者。一名激进的编辑出版了无神论和社会主义之类的“渎神学说”，有关报道中还添油加醋地说他支持政治演变，他因此遭受审讯，被判有罪。放眼全国，50 万工人罢工，走上街头支持宪章运动，而军队正在北上前往工业城市（如曼彻斯特）恢复当地秩序。反抗者们在达尔文住处附近大声叫嚷，佩带刺刀的军队同他们相互对抗。对达尔文和埃玛来说，他们考虑了一年的事，是时候付诸行动了：在乡下买一栋房子，搬离伦敦。

达尔文和埃玛仔细看过一些房子后，在位于伦敦东南方向 16 英里处的肯特郡唐村选定了一片安谧之地。这个距离要坐两个小时的马车，远近刚好，既可以让他们远离喧嚣、享受宁静，又方便达尔文回到伦敦出席有关研究事务的各种活动。这便是著名的达温庄园（Downe），曾经是一位乡间牧师的住所，不久前才清空，满是霉味，难以出售。达温庄园占地 18 英亩（约 72 843 平方米），房屋宽敞，卧室众多，尚待修缮，价钱便宜。在达尔文父亲的资助下，他们买下了这座庄园。9 月下旬，他们乔迁至此，此时他们还没有意识到这里将会是他们未来人生中唯一的家和珍贵的避风港。这里可能满足了达尔文所有的期待。“小猎犬”号的远行圆了达尔文外出旅行的梦想，他已经准备好了待在家里。单调的房子和朴实的乡村风景没能让妻子埃玛和他一样充满热情。埃玛从小住在斯塔福德郡富丽堂皇的庄园里，但她觉得自己可以适应乡下生活。安顿好之后，他们迎来了第一件大事——埃玛生下了他们的第二个孩子，他们为这个女孩取教名为玛丽·埃莉诺（Mary Eleanor）。紧接而来的消息却是个噩兆，玛丽·埃莉诺在三周后夭折了，葬在唐村的教堂墓地。用如此残酷的方式，他们扎根在了唐村（Down）。

唐村后改名为达温，名字拼写上发生了一点变化，却显得更有特色。达尔文自己也变了，但这些变化并不是很出格。相反，他定居乡间，更像是参与了某个证人保护计划。他扮成一副小乡绅的样子，种花，开果园，买了几头奶牛，雇了一个杂务工，在教区委员会谋了个席位，在汗牛充栋的书房开辟了私人工作空间，请人翻新了房屋。他在窗外放置了一面不起眼的镜子，角度刚好能让他先看到车道上来的人。他肠道不好，接待访客对他而言仿佛置身地狱，令病情雪上加霜，而且还会占用他的工作时间。达尔文只想在他可以掌控的时间内得到少许的陪伴。妙趣横生的闲谈令他激动不已，但激动会让他更加虚弱。他的书房帘子后面有一个类似盥洗室的角落，方便他呕吐。从这时起，达尔文将以书信的方式进行绝大多数的科研对话。

达尔文是个写信的高手，毕竟当时电话还没有问世，维多利亚时代的文化人不得不与家人、同事、朋友通过信件交流。若是举行晚宴，邀请函也要手写才行。不管是流言蜚语还是专业交流，大都以书信的形式传播，即便人们的住所相距不远。达尔文搬到达温庄园后对书信更加依赖。他住所偏远，身体羸弱，与世隔绝，因此非常依赖书信交流，写起信来相当规律。他会写信给朋友，也会写信处理事务，还会写信给爱人（“亲爱的老咪咪”和“亲爱的嬷嬷”，这是和埃玛分开时他对埃玛的爱称）；他会出于善意而写信，也会为了政治拉票而写信；他会写信寻求父辈的意见，也会写信给远方的孩子提建议。有时他写信只为了享受聊天的乐趣，大多数时候是为了搜集科研资料。他不断写信叨扰朋友、熟人和陌生人，询问问题，索求数据资料。如果不是特别麻烦的话，他还会委托他们一些实验任务。达尔文在信中的姿态近乎逢迎，态度谦卑，提出的要求却十分苛刻。

牙买加的马是什么颜色的？达尔文为此专门写信给在牙买加购置庄园的官僚。“你可以帮我辨认岩石样本吗？”达尔文这样写信给剑桥的矿物学教授。他写信给动物学会会长乔治·沃特豪斯（George Waterhouse），说沃特豪斯对动物分类的看法不切实际、令人迷惑。这位会长曾答应达尔文研究他从“小猎犬”号航行带回来的哺乳动物，他认同把相似物种归为一类的分类系统，仿佛神把每个物种像串珍珠一样依次串成了一个环。达尔文对沃特豪斯言语亲切而热忱，但他的立场十分坚定。达尔文解释道，这些圆环既不能说明什么，也不能证明什么。对于自己的个人观点，他一直小心谨慎，三缄其口，他认为“生物分类是把不同的生物按照实际的关系归为一类，比如按照亲缘关系或者按照同一祖先的后代分类”。这是一个备受争议的观点。也就是说，这种分类方法的原则是演变学说。尽管沃特豪斯不是达尔文的密友，达尔文还是告诉了他自己的观点，因为达尔文迫切地想同他人分享自己的秘密学说。1843 年末，达尔文首次和植物学家约瑟夫·道尔顿·胡克[①]通信。作为一名外科助手和博物学家，胡克刚刚结束

① 约瑟夫·道尔顿·胡克（Joseph Dalton Hooker，1817—1911），英国植物学家，曾到南极、印度、新西兰、北非、北美等地考察，研究了美洲及亚洲植物的关系，证明了进化论对植物学的实用价值，著有《植物种类》。

随“厄瑞玻斯”号（*the Erebus*）到南极的考察，回到了英国。

“厄瑞玻斯”号启程之前，二人曾在1839年有过一面之缘。通过他们共同的朋友，达尔文对这个年轻人有所了解。胡克对达尔文的了解则更为深入，他读过达尔文的《考察日记》，还把这本书带上了“厄瑞玻斯”号，陪伴了自己四年之久。他视这位科学旅行家为偶像。现在他们的私交更为密切——虽然仅仅是信件联系——他们谈到了达尔文早前随“小猎犬”号航行收集的、迄今还未得到准确研究的植物标本。虽然胡克自己也有大量标本要处理，但是他依然同意研究达尔文早先收集的植物标本。达尔文要求胡克特别注意加拉帕戈斯群岛的植物，这些植物可能会和遥远的圣赫勒拿岛上的物种形成鲜明对比。在这个提示下，胡克思路大开，想起他随“厄瑞玻斯”号巡游南半球大洋时，曾短暂停留在新西兰、塔斯马尼亚、马尔维纳斯群岛、火地岛附近的赫米特群岛（Hermite Island）、奥克兰岛、坎贝尔岛、凯尔盖朗岛、南设得兰群岛、阿森松岛和圣赫勒拿岛，① 他在这些岛屿上见过许多本土植物，比如赫米特群岛上茂盛的苔藓，阿森松岛上的八种蕨类植物中仅有两种出现在相邻的圣赫勒拿岛上，塔斯马尼亚和新西兰也各有特点。胡克连写了几页纸，总体观点非常清晰：“先生，如果您只想了解岛屿上的植物，那我将竭诚为您提供资料数据。”

---

① 火地岛（Tierra del Fuego），位于南美洲的最南端，东部属阿根廷，西部属智利。奥克兰岛（Auckland Island），位于南太平洋上，新西兰岛群中最大的岛。坎贝尔岛（Campbell Island），新西兰岛屿。凯尔盖朗岛（Kerguelen），位于南印度洋，火山岛。南设得兰群岛（South Shetland），南极海的一组群岛。阿森松岛（Ascension），位于南大西洋的英国海外领地。

达尔文自称对植物学一无所知，坐等胡克对“小猎犬”号标本的研究。不久后，胡克写信说，他对达尔文将近十年前收集的加拉帕戈斯群岛的植物大有兴趣。他读过达尔文在《考察日记》中的评论，早就想研究各个岛屿的植物区别，现在这些标本到了他手上，可谓得偿所愿。胡克说，不同的岛屿呈现出不同的多样性，“这种现象真是奇怪无比”。他主动提出，这十分奇怪，甚至“会颠覆人们早先的认知——物种是由中心往四周辐射扩散的”。此处的中心是神圣造物的中心，或许是大陆上的某地。不，加拉帕戈斯群岛上让人迷惑至极的植物在地理分布上同自然神学宣扬的公理不一致，而胡克也很愿意承认这一点。

这让达尔文振奋不已。他对胡克了解不多，但是突然之间，他仿佛看到了希望，遇到了知音。胡克头脑聪明，训练有素，观察认真，出身于备受尊敬的科学世家（其父是英国皇家植物园的园长），同达尔文一样游历过世界。而胡克年纪很轻，年仅 26 岁，思维开阔，只要实验数据可靠，他相信在陈腐的正统观点之外还存在其他的可能性。达尔文激动得几乎要扑上去紧紧拥抱胡克。1844 年初，达尔文再次写信，希望胡克可以帮忙研究岛屿特有植物的“一些小事实”，并在信末以一番肺腑之言结束了这封信。

这是历史上颇负盛名的一刻。我的桌上放着九本达尔文的传记，这些书无一例外都记述了这一刻，其他不计其数的研究资料中也记载了这一刻，许多作家和学者也早已不厌其烦地谈过这个时刻，但我们不能因此在本书中略去不谈。这封信没有写明日期，但邮戳是 1844 年 1 月 11 日。除了向胡克吐露他对南半球岛屿的兴趣，达尔文还坦白“自结束旅行回到英国，我一直在擅自研究一项课题”——一个大多数人认为愚蠢透顶的课题。达尔文一直在琢磨他在加拉帕戈斯群岛和其他岛屿上发现的动植物分布的奇特模式，研究家养动物的饲养，收集所有与物种演变相关的资料。达尔文写道：“最后，我豁然开朗，我几乎确信（与我最初的想法完全相反）物种不是（这仿佛是在承认自己是杀人凶手）不变的。”

这个坦白勇气十足，用词隐晦，轻描淡写，同英国自然神学的基本信条相对立。达尔文不只是“几乎确信”，而是说出了真相。

达尔文随即补充的免责声明就没那么著名：“上天没有让我相信拉马克的‘进化趋势’，也没有让我相信他‘根据动物的意愿缓慢形成适应性’的胡言乱语。”进化先驱拉马克的观点声名狼藉，达尔文在尽量撇清自己与拉马克学说的关系。他很明白，自己的理念不仅会招人厌恶，还可能会让人轻易地将其与其他一文不值、受人厌弃的演变理念相混淆。

10

生物历史学家发现，早在达尔文之前，世界上就有哲学家和科学家提出过类似进化论的学说。有些书甚至把这一理念追溯到亚里士多德。早期一些观点并不指向生物演变，而是指向宇宙学和地质学中类似的物质演变，比如地球的物理演变史（从星云到熔岩再到岩层）。一些观点涉及生命的基本起源；一些观点近似现代的进化论，即针对物种多样性和物种分类、多样性间的连续性，以及物种是什么而提出的主张。

比如18世纪，法国莫佩尔蒂（Maupertuis）曾提出，形形色色的物种是自然产生的，其中只有一小部分物种的结构适合生存。布丰[①]曾假设猿类、人类、马、驴和其他动物可能有共同的起源——他阐释得煞有其事，之后却对这个假设避而不谈。狄德罗的猜想天马行空：生物起源于简单的形态，拥有神秘的意识，会以某种方式组装成更复杂的生物。在德国，人类学家布卢门巴赫[②]在研究了人类的头盖骨之后，认为人类各个种族是共同的祖先为了适应当地不同的条件进化而来的。在英格兰，18世纪末，达尔文的祖父伊拉斯谟出版了《动物法则》，大胆猜想恒温动物由“同一个丝状生物”产生。这些大胆的想法都昭示了另一种可能性，对那些挑战以《圣经》为基础的创造学说的人来说是一种鼓励。随着新的数据不断涌现，这些挑战性的学说越发可能成真：在探索世界和征服帝国的历程中，人们在偏远地区发现了难以解释的奇怪物种，将它们制成标本，加以描述，寄回祖国；海量的生物地理信息说明新物种和已知物种以古怪的模式广泛分布在地球上；越来越多的化石经发掘面世，揭示出物种灭绝和生态演替过程；人们在显微镜下发现了池水和唾液中存在悠游其间的微小生物；不计其数的物种展现了复杂的适应性；支持存在种内变异和种间差异的证据逐渐增加。虽然这些猜想和新数据层出不穷，但只有拉马克在18世纪和19世纪之交提出了全面的进化

① 布丰（Buffon，1707—1788），法国博物学家、作家，著有《自然史》（36卷）。

② 布卢门巴赫（J. F. Blumenbach，1752—1840），德国人类学家，科学人类学的创立者，第一个将人类作为研究对象，用研究动物的方式来研究人类自身。

理论。

拉马克的全名为让 - 巴蒂斯特 - 皮埃尔 - 安托万 · 德 · 莫内，舍瓦利耶 · 德 · 拉马克爵士（Jean-Baptiste-Pierre-Antoine de Monet, Chevalier de Lamarck），这个名字说明拉马克的家族只给他留了一个贵族头衔，没有留下遗产。17 岁时，拉马克从耶稣会神学院辍学参军。历经战争又学了一段时间医学之后，他在巴黎自学成才，成为一名植物学家，出版了三卷本的法国植物志。这本书反响热烈，但是收入依然不足以维持拉马克的生活。因此，拉马克为布丰之子做了两年的导师兼旅伴。之后，他在巴黎植物园（后划归法国国家自然博物馆）担任植物学家的助手，薪水微薄。拉马克并没有很快迎来重大的人生转折点。研究了 25 年植物学后，他转而投身动物学研究。法国笼罩在大革命的恐慌中，他应聘成为巴黎博物馆的无脊椎动物学教授，远离断头台，埋头研究。拉马克的主要工作是讲授昆虫、蠕虫和微生物课程。几年后，馆属软体动物学家（也是拉马克的友人）去世，管理博物馆收藏的软体动物这项工作交给了拉马克。通过研究软体动物古老的化石和近代的外形，拉马克发现有实证支持物种间的变异，也能佐证相近时间发现的物种存在连续相似性。

出于某种原因，拉马克在大约 55 岁时突然失去了对物种不变论的信念。之后不久的 1800 年 5 月，他用进化论的观点发表了第一场演讲。9 年后，他在《动物学哲学》① 一书中介绍了他的

① 《动物学哲学》（*Philosophie zoologique*），全书分为三卷：第一卷是关于动物的自然史；第二卷是“关于生命的物理原因、存在之条件、运动之激活力、对身体产生的能力及其导致的结果的探究”；第三卷是“关于感觉的物理起源、产生运动的力，以及最后在各种动物中观察到的智慧行为的起源的探究”。

全部理论，这本书从此广为人知。之后出版的七卷本《无脊椎动物自然史》收录了《动物学哲学》修订本。拉马克一生有四位妻子，晚年双目失明，一直活到85岁，由他的未婚女儿照顾，一生穷困潦倒，于1829年去世。激进的英国进化论学者，比如在伦敦和爱丁堡向医学生讲授解剖学的老师，比拉马克的法国同僚更加推崇他。拉马克同莫扎特一样，最后草草葬于无名墓地。

绝大多数稍稍了解拉马克的人只会把他同“获得性遗传”这一观点联系起来，其实他还提出了许多学说。达尔文对这些学说不屑一顾，在给胡克的信中称之为拉马克的荒唐言论（“用进废退”和“动物具有缓慢产生适应性的意志”）。拉马克认为进化因素有二。一是如达尔文所指，一切生命都具有一种从简单形态向复杂形态进化的内在倾向。拉马克认为这种趋势由“万物之主”所赋予。生物最初起源于自然衍变，形式简单。随着体内某种“微妙液体”的流动，生物体内产生了结构精巧的新型器官，因此，生物逐渐变得复杂起来。拉马克没有解释演变趋势存在的原因，也没有解释生物体内宝贵的液体如何发挥作用。拉马克将其视为天赐的因素。这种演变产生了不同的谱系，各谱系不断独立进化为复杂物种。但这种进化与生命之树不同。这一重要的区别值得关注：拉马克从未提出一切物种皆源于同一祖先的观点。形象地说，拉马克学说不是长着不同分枝的灌木或树木，而是草原上互相平行、高矮不一的草，这与达尔文在笔记B中的画毫不相像。

拉马克认为第二个进化因素包括四点内容，这比天赐的演变趋势更有唯物主义精神。首先，动物生存的外在条件（环境）给动物带来压力。其次，外界条件发生变化，动物会产生新的需求

（即法语的 *besoin*）。为了应对这些需求，动物要加强使用特定的器官或能力，或者减少使用某些器官或能力。再次，经常使用的器官会发达进化，不常使用的器官会萎缩退化。最后，所有后天获得的性状能够遗传给后代。因此，有一个为人们熟知的观点，虽不能完全代表拉马克的学说，但确实与他有关，即后代可以继承亲代获得的性状。比如，长颈鹿天生有长脖子，是因为父母伸长脖颈去吃高处的树叶；铁匠的女儿天生肌肉强健，是因为父亲不断打铁锻炼出了肌肉；几维鸟长着无用的小翅膀，是因为几维鸟的祖先渐渐不再飞行。

上述两大因素解释了进化——似乎还不足以全面解释拉马克的理论，还有一个要素：拉马克指出的内在欲望（*sentiment intérieur*）。他在《动物学哲学》中指出，高等动物体内隐藏着模糊而强大的欲望（他将其称为一种“存在感”，未加任何阐释），驱使生物体内微妙的液体流动，迫使身体经常使用某些器官和能力以产生新优势和新能力。或许内在欲望只是如今所说的“意识”的另一种说法，或许拉马克别有深意。这些概念模糊不清，翻译的表述也不完整，难怪拉马克一直以来会遭人曲解。一种误解认为拉马克的观点是动物具备某种可以为了自身欲望（对法语 *besoin* 的误解）增大器官或增强能力的内在力量。长颈鹿想要更长的脖子，以便吃到洋槐叶子——这种欲望加上后天的努力让长颈鹿的脖子确实变长了。这似乎也是达尔文讥笑拉马克认为适应性源于“动物缓慢的意志”时的观念。

达尔文第一次接触到拉马克学说是在他十几岁于爱丁堡求学的时候。那段时间，他发现博物学比恐怖无聊的医疗训练更有趣。他读了祖父伊拉斯谟的《动物法则》，不加批判，颇为欣赏。

那时他对理论资料和数据支持的要求还没有后来那般严苛，在他看来，自己的祖父写过这么一本臭名昭著的书，真是太有趣了。达尔文也读了拉马克有关无脊椎动物分类的生物学专著，更重要的是，他从年轻杰出的良师益友罗伯特·格兰特（Robert Grant）口中得知了拉马克进化论。

格兰特看上去暴躁易怒，一丝不苟，思想上却不拘传统，大胆至极；他浑身带刺，让人捉摸不透。格兰特受过医学训练，在爱丁堡教授无脊椎动物解剖学，空余时间研究海洋动物，尤其是海绵动物，或者参加普林尼学会（the Plinian Society）之类的小型科学团体。他喜欢做导师，挑选中意的学生。1827 年，格兰特挑中了达尔文。或许是因为这位笨拙的年轻人是伊拉斯谟·达尔文的孙子，而格兰特非常尊敬这位进化论思想的先锋人物，因此注意到了达尔文。他们一起到海边远足，在潮水中跋涉，收集虫子样和苔藓状的生物，借助格兰特家的显微镜对它们进行解剖，最后，他们对特定的有机体“叶状藻苔虫”产生了浓厚兴趣。

一天，同达尔文散步时，格兰特称赞了拉马克和他的进化学说，让眼前这位年轻人颇感意外。毕竟在那时，达尔文还是一名安分守己的少年，来自什鲁斯伯里一个本分的中产阶级家庭，虽然继承了祖父的姓氏，但他本人并没有任何激进的倾向和理念，尤其不在意从法国传入的观点。达尔文多年之后回忆道：“我默默地听着，震惊不已。就我判断，这些话对我的想法没有产生任何影响。”达尔文没有轻易地接受祖父的演变学说，也没有从格兰特口中接受拉马克的理念。达尔文如此抗拒的另一个原因是他已经认清了罗伯特·格兰特腹黑卑鄙的一面：格兰特窃取了达尔文对叶状藻苔虫生命周期的观察研究，将其写成了论文。在发表的论文里，格兰特没有将达尔文作为资料贡献者或其他身份致谢。这是达尔文第一次真正意义上对科学界作出的一点贡献，他从中得到了有关信誉和竞争的惨痛教训，并将铭记于心。

“小猎犬”号航行期间，达尔文再一次接触到拉马克学说。当时，他在蒙得维的亚[1]收到了莱伊尔《地质学原理》的第二卷。他已经读过第一卷，莱伊尔在这一卷中批评了基于诺亚大洪水等古老天灾的传统地质学。莱伊尔吸收了40年前詹姆斯·赫顿[2]作品中的观点，加以修改，提出了地质演变更加连续、渐进、统一的新视角。与灾变说相对，莱伊尔的观点后被称为均变说。[3] 他认为，地质变化不是突然的灾变，而是缓慢积累的结果，现在导致地质变化的力量同过去一样。达尔文认为这很有说服力，在此启发下，他在航行中形成了自己的地质观点。

莱伊尔《地质学原理》第二卷却有所不同。尽管这一卷的副标题未变，依然是《试从今日地球表面变化之因论以往地球变化》（*An Attempt to Explain the Former Changes of the Earth's Surface, by Reference to Causes Now in Operation*），但是视角转入了动植物界的变迁。化石是如何形成的？泥炭是如何形成的？珊瑚礁是由什么形成的？回答上述问题之前，莱伊尔先解答了另一个备受争议的问题：物种本身是变化的吗？第二卷前两章全面介绍了拉马克

---

① 蒙得维的亚（Montevideo），乌拉圭东岸共和国的首都。

② 詹姆斯·赫顿（James Hutton），苏格兰地质学家、医生、博物学家，被称为“现代地质学之父”。

③ 灾变说认为在整个地质发展的过程中，地球经常发生各种突如其来的灾害性变化，并且有的灾害是具有很大规模的，由法国学者居维叶于1821年提出。均变说认为过去一切发生的地质作用都和现在正在进行的地质作用方式相同，所以研究正在进行的地质作用，就可以明了过去地质作用的成因。

学说，指出“他的观点受到许多博物学家的青睐”。然而莱伊尔并没有被拉马克的观点说服，他坚决认为物种不会演变。莱伊尔争辩说，埋在古埃及木乃伊旁的猫与现在的猫别无二致；美洲野牛生活在美洲野外，当地的气候和欧洲不同，吃的食物也和欧洲牛不同，但它们的外形和欧洲牛极为相像。的确，人工饲养能够产生新的家畜，但这只会产生新品种，不会产生新物种。这种有关物种变化的说法似乎与莱伊尔均变说的观点——地质变化长期以来循序渐进的观点相悖。

达尔文读完全文，完全同意其中观点。拉马克在胡说八道。十几年后，达尔文虽有些含糊其辞，但仍深有此感：拉马克问对了，但是回答错了。演变是如何发生的呢？达尔文悄悄地对胡克说：“我想，我知道答案。”

11

1844 年 1 月 11 日，达尔文写信向胡克坦言自己对物种演变的思考，怀着谋杀犯一般的罪恶感，等待着胡克的回信。然而，什么都没有来。两周过去了。按理推测，达尔文此时可能急不可待，如坐针毡。达尔文让这位新笔友蒙羞了吗？这段友谊还未开始就因他的胡言乱语断送了吗？最后，达尔文又寄出了一封信，催促胡克回信。这次，胡克照做了。他回了封长信，言辞恳切，信中完整地详述了植物地理学。令达尔文高兴的是，胡克正在研究自己给他的加拉帕戈斯群岛的植物。偏远岛屿上的本土植物是达尔文热爱的研究主题，胡克对此滔滔不绝，还提到远在南印度洋凯尔盖朗岛（Kerguelen）上有一种十分常见的卷心菜。胡克认为，这种凯尔盖朗卷心菜是南半球最为奇怪的十字花科植物。凯尔盖朗卷心菜是如何在凯尔盖朗岛落地生根的？为什么其他地方看不到这种卷心菜？胡克深入研究了凯尔盖朗卷心菜和其他古怪的岛屿植物后，也承认了某些“异端”学说：在这些人迹罕至的地方可能产生了一系列不同寻常的生物，“也产生了物种渐进的变化”。啊，物种变化？这是多么大的认可！胡克思维开阔，不失理性，继续补充道：“我非常乐意听你谈谈物种变化是如何发生的，目前还没有任何让我满意的构想。”胡克告诉达尔文：“在我眼中，你没疯，也不会有被我告发的风险，但……不如我们一起谈谈你的想法。”

达尔文找到两年前草拟的梗概，再次动笔，在此之上插入实证，论述明晰。这次，达尔文尽可能地让其他人也能看懂，不仅要让他们看懂，最好还能说服他们。这次他同样从家养物种的变异开始写起，写家畜驯养人如何选择并增强物种间微小的差异，这是他类比论述的首要支撑。接着他笔锋一转，谈起了野生物种。他仍然认为，除非环境改变迫使野生生物迁居，否则它们的个体数目几乎不变。不过这不要紧，“几乎”就足够了。时间的长河中，即便只是偶尔出现的零星变异也足够发生自然选择，产生新的动植物物种。

阐释完他假想的演变机制——进化的发生机制，他梳理了各类证据，证明进化确实通过某种方式发生了。这封信越写越长。1844 年的春天来临之际，印刷一篇简短的论文、到伦敦出席皇家地理学会的会议、回什鲁斯伯里探亲这样的小事使达尔文分心，但他竭力保持专注，在身体健康允许和材料充足时高效地产出。

7 月初，达尔文已经完成了一份 189 页的手稿。这次，达尔文弥补了写作大纲时的遗憾：把手稿寄给当地一位校长誊写副本。之所以这么做是因为整齐的字迹有助于其他人看清看懂手稿的内容。但其他人又是谁呢？从胡克和莱伊尔这些朋友中选一些人？出版社的排字工人？不……谁也不行，至少现在还不行。达尔文把这份手稿连同一封给埃玛的信藏在了办公室，“谨防我猝然辞世”。这是一份非正式的书面遗嘱。

信上写着：“这是我的物种起源理论的草稿。如果该理论正确无误，如果它能说服一位能力不凡的物种起源研究者，这将会是科学史上伟大的一步。”因此，达尔文告诉埃玛务必出版这份手稿，而且要遵从他的指示出版。埃玛需要找一个合适的人完成善后编辑工作。她需要支付此人 400 英镑和可能获得的出版利润以及达尔文所有的博物学书籍，以吸引有识之士。埃玛也要把达尔文所有的笔记——积累整整六年的事实例证——交给这位编辑。这些笔记写在碎纸上，依照主题整理在 8 ～ 10 个棕色文件夹里，放在达尔文书房的书架上。达尔文解释道：“许多文件夹里的碎纸笔记只是我的愚钝之见或是早期的想法，现在都没用了，一些事实现象可能对我的理论没有贡献。”但是达尔文依然想让这位编辑仔细查看这些笔记。其中一些内容可能会很重要。

这位编辑会是谁？达尔文列了一张简短的名单，上面有查尔斯·莱伊尔、剑桥绅士约翰·亨斯洛、杰出古生物学者爱德华·福布斯（Edward Forbes），还有最近和他通过书信相熟、意气相投的朋友约瑟夫·胡克。达尔文在爱丁堡的导师罗伯特·格兰特没有出现在这张纸上。格兰特其时在伦敦教授解剖学和拉马克学说，是一名热情的激进派学者。达尔文非常明白，格兰特是一个生物演变学者，但他支持的学说是错的，投身的政治阵营也是错的。达尔文想使博物学研究更加现代化，立足于唯物主义和法则，合乎因果逻辑；他不想挑起阶级斗争。达尔文在遗嘱中告诉埃玛，如果名单上这些人都不愿意接受这份艰巨的工作，那么她得把报酬提高到500英镑。他继续写道：如果这笔钱还不够，那就按出版的实际情况吧。

达尔文知道自己长期恶心头晕的病症可能会在某个时刻突然加重，他可能会因这种未知疾病在一年之内与世长辞。事实上，这可能是达尔文潜意识里的某种希望。死后再公开出版学说理论会省去许多麻烦。

12

但是看起来，达尔文似乎能在他在世之时出版这部著作，实现科学史上的跨越。达尔文勇气渐增，耐心却逐渐消弭。7月的一天，达尔文不同于往常，坐上两轮马车，前往位于伦敦西南部基尤（Kew）的皇家植物园与约瑟夫·胡克见面。

达尔文平时身体虚弱，久坐不立，若不是真心渴望和胡克结交，若不是加深友谊的想法太过强烈，他不会亲自前往见面。胡克身上有不少吸引达尔文的地方。他是一位严谨的植物学家，游历丰富，受过外科医生的训练（不像达尔文的很多朋友一样接受的是神职训练），对生物演变既不畏惧也不狂热。胡克正是达尔文需要的人：植物地理学家，头脑冷静理智，通晓人体解剖。夏末秋初期间，达尔文和胡克一直保持通信，讨论物种分布，探讨特定地点——特别是某些岛屿——为什么会有丰富的独特物种。达尔文提到，“隔离”这一因素至关重要，岛屿间的隔离以某种方式导致了新物种的“创造或制造”（reation or production，他在术语的使用上仍模棱两可）。达尔文没有解释自己脑海中的想法，但他想让胡克帮他在植物学领域探索这个主题。

达尔文也给学生时代的朋友伦纳德·杰宁斯写了信。杰宁斯是一位牧师博物学家，一心向吉尔伯特·怀特看齐，观察记录教区附近的灌木篱墙和树林中的植物。达尔文和杰宁斯的初见是在剑桥，当时杰宁斯30岁，年纪尚轻，但思想保守。最近，杰宁斯在一个叫做斯沃弗姆布尔贝克（Swaffham Bulbeck）的地方做教区牧师，暗中支持传统自然神学。不久前，杰宁斯编辑了怀特的著作《塞尔伯恩博物志》（*The Natural History of Selborne*），下一步打算出版一本由自己收集整理的自然知识书籍，其中包括沿袭怀特的方式写作的博物学日历。斯沃弗姆布尔贝克是杰宁斯眼中的塞尔伯恩。达尔文奉承杰宁斯说，这本书非常重要，依四时节令做长久的观察富有区域特色。他在信中给杰宁斯抛出一个问题，希望他能解答：生存斗争和过早死亡在多大程度上限制了某一特定物种的种群增长，比如英国乡村的某种鸟类？达尔文虽然没有提及马尔萨斯，但他脑海中所想的一定是马尔萨斯学说中的生存压力和限制条件。

达尔文在信中对杰宁斯极尽奉承，也索要了资料数据，但信中内容远不止于此。杰宁斯给达尔文写信在先，来信内容十分丰富，想让达尔文在回信时提供一些信息，因此，达尔文在回信中略微描述了自己目前的生活和在达温庄园的工作。达尔文说自己忙着写地质学著作，打理花园，照看林木，下午散步，头脑一团乱麻；最近他没有进行实地观察，也没有像过去一样收集甲虫；他不敢说自己十分了解当地的鸟类，不能为英国动物学提供新的事实资料。另一方面，这并不表示达尔文丧失了对动植物的兴趣。“我一直在不断阅读和收集家养动植物的事实资料，探索物种是什么这一问题；现在我手中有大量的材料，我认为，我能得出一些有理有据的结论。”噢，但等等，达尔文真的想把他的想法透露给杰宁斯牧师吗？显然正是如此。达尔文厌倦了处处小心和守口如瓶，他几乎要将一切脱口而出了。

“我站在神学信仰的对立面，由此出发，我得出了普遍的结论，”达尔文告诉杰宁斯，“物种是可变的，近缘物种都是同一祖先的后代。”老朋友，进化发生了，但自然神学缺失了。达尔文退一步说：“我知道，这会让我受到公开的指责，但我是在深思熟虑后才得出这个结论的。”他补充道：“我近几年不会出版任何有关于此的作品。”他给杰宁斯回信的结束语听起来很友好，但几乎和戏言一样：“也许你记录当地动植物的著作中藏着不少支持我的理论的事实证据呢。”

接着，厄运降临，出乎意料，波谲云诡。达尔文给杰宁斯回信的同月，1844 年 10 月，伦敦一家有名的出版商出版了《自然创造史的遗迹》（*Vestiges of the Natural History of Creation*）。这是一本大众科普理论的小册子，粗浅地研究了宇宙学、地质学、物种起源、古生物学和物种演变，内容涉及自然发生论、土星环、电力制造昆虫、猪麻疹发病、人类起源、语言起源、骨相学、六指人、燕麦种植中发芽的黑麦、母鹅产下的鸭嘴兽、长颈鹿颈骨数目，以及其他一些有趣惊人的事实资料。这些事实拼凑在一起，仿佛一个口味丰富的水果蛋糕。作者文笔流畅，语言通俗易懂，但他选择匿名出版。试问，哪个好奇心旺盛的读者能抗拒这种神秘感?

《自然创造史的遗迹》内容有趣，作者神秘，因此轰动一时。这本书引来不少反对之声，激发人们思考，引发社会讨论，成为畅销作品。科学界的顽固派（包括剑桥地质学家亚当·塞奇威克，达尔文早期的老师之一）对《自然创造史的遗迹》批评尖锐，这本书因此更加臭名远扬，销量大增。《自然创造史的遗迹》很快在美国和德国出版发行。仅就英国而言，《自然创造史的遗迹》第一版发行之后几乎马上出版了第二版，之后又有了第三版，十年内共有七版问世，总计卖出 21000 册。这在当时可以说是超级畅销。科学界、哲学界的门外汉和中产阶级热捧此书，许多名人也读过此书，比如维多利亚女王、约翰·斯图尔特·穆勒、林肯、叔本华、爱默生、阿尔弗雷德·丁尼生、本杰明·迪斯累利（Benjamin Disraeli）①、南丁格尔。从初版大获成功到之后一版再版，作者一直小心地隐藏身份，说明即便这本书对神充满敬意，如果动物演变涉及人类，在当时支持演变学说依然是一件风险重重的事。

《自然创造史的遗迹》并不是无神论著作。书中写道："神意使然，一个物种会生育另一个物种，直到第二高等的物种生育出人类，人类因此属于最高等动物。"这里的神意来自创造宇宙的神，他建立自然法则，对自然界不加干预，使其自行运转。《自然创造史的遗迹》的作者，苏格兰出版人罗伯特·钱伯斯

---

① 本杰明·迪斯累利（Benjamin Disraeli，1804—1881），英国保守党领袖，两度出任英国首相。

（Robert Chambers），同样明白创造一些东西并隐姓埋名的智慧。

《自然创造史的遗迹》出版两个月内，胡克和达尔文都读了此书。胡克愉悦地告诉达尔文，他觉得这本书很有意思，没有意识到他的评价可能会让朋友达尔文对这个竞争对象心存嫉妒并为此感到不安。当然，胡克说，他并没有对书中的结论囫囵吞枣，但这些材料组织起来让人印象深刻。这位匿名作者看起来是个“有趣的家伙”（胡克此言并非称赞他的智慧）。

达尔文丝毫没有觉得这本书让人感到愉悦和好笑。他在达温庄园写回信，语气冷淡，没有像胡克那样觉得《自然创造史的遗迹》“有点好笑”。他承认这本书的确结构精巧，这位匿名作者确实也很会写作。但是“我觉得地质学的部分不堪卒读”，达尔文颇有微词，“动物学部分更糟”。就科学层面而言，达尔文评价公允，只是有些酸葡萄心理。他意识到这位“遗迹先生”让他的处境变得有些艰难。这本书东拼西凑，理论荒唐，漏洞百出，读者容易轻信其中毫无事实根据的误导性理念；而科学家会因此书更加排斥演变学说，将进化视为无用的理论。这对达尔文来说简直不能再糟了。如今，这本书在知识市场供不应求，整个物种问题也变得模糊，批评家们血脉偾张。

达尔文可能曾经希望《自然创造史的遗迹》的大卖可以帮助人们解放思想、接受演变学说，长远来看，说不定能让人们接受基于实证、思考谨慎的归纳法。但是那个“长远”的愿景活在猜想之中，遥不可及。目前来看，达尔文披露想法的时机似乎已经荡然无存，他转而研究其他课题。他还要完成“小猎犬”号地质学的第三卷，处理包括藤壶研究在内的“小猎犬”号动物学事务。而且，达尔文计划修订《考察日记》。这次他和另一个出版商签订了利润可观的合同（不同于菲茨罗伊之前的安排），新版出版后能给他带来一些收入。倘若达尔文出版演变学说存在一个最佳时机，此时显然不是。

藤壶的附着点

Point of Attachment

1846—1851

见此图标
微信扫码

辅助阅读：达尔文与《物种起源》。

13

如果我们纵观达尔文的一生就会发现，他当时的生活中发生了一些怪事。达尔文似乎停了下来，对进化论和自然选择避而远之。从1838年起，他就在脑海中构想了进化论和自然选择学说，并将之清晰地记录在笔记中。延伸论文写成于1844年，放在他办公室的书架上，一直没有出版。《物种起源》直到1859年才出版。时光一年一年流逝，达尔文抚养孩子，游手好闲，行事如同一个忧郁症病人；他在显微镜下解剖藤壶，在笼子里养鸽子。他在《园艺年鉴》（*Gardeners' Chronicle*）上发表了许多小论文，文章主题多为盐、井用桶绳、果树和老鼠色的小马之类，没有一篇文章与演变有关。他在水疗疗养中心一待就是几个月，身裹湿毛巾，泡冷水浴，备受折磨。达尔文这段时期的行为举止出人意料，人们称之为“达尔文的拖延”。

学界对这段时期达尔文的表现众说纷纭，每种解释似乎都有证据但又都难以服众。是不是因为达尔文知道进化论和自然选择学说在维多利亚时代会冒犯英国社会，所以才害怕出版？这种推测忽视了维多利亚时期英国社会的多元性，纯属陈词滥调，毫无说服力。毕竟，维多利亚女王也曾读过《自然创造史的遗迹》，虽然该书作者一直匿名，但是并没有人费尽心机地想把他找出来送进监狱。多年来，罗伯特·格兰特在给医学生上课时，也一直在滔滔不绝地讲述有关内容。是不是因为拉马克学说和其他法国颠覆思想煽动了民粹主义者和发动宪章运动的民众，甚至引发了翻天覆地的运动，造成政治环境动荡和当局政府、教会的警惕？

达尔文的确不喜欢动乱。他身处绅士阶层，财力雄厚，拥有大片土地，是一名温和进取、有钱、有地位的辉格党人，他并不想为政治摇旗助威。是不是因为牛津、剑桥这类高等学府支持传统自然神学，众多老友恩师也在那里担任英国国教神职人员，达尔文碍于自身的学术背景才不愿出版个人学说？是不是他过于礼貌，不愿将物种演变学说甩到他们脸上？还是说，达尔文犹豫不决是因为虔诚的妻子担心唯物主义会让他付出灵魂的代价？与其说达尔文担心演变理念本身，不如说他更担心演变逻辑的极端之处——认为人类是从动物演化来的。还有一种可能指向达尔文无法确诊的病症。达尔文连续多天躺在沙发上呕吐不止，毫无活力，几个月没有成果，是不是真的患上了某种疾病？还是说，达尔文的症状部分源于心病，是人体驱散内心烦恼的一种方式？还有一种可能：达尔文进展缓慢，深思熟虑，或许是出于科学上的考量。他要收集完整时间段上的数据，探索看似简单实则复杂的进化理论的含义，提炼观点，操作实验，自学与之有关的陌生领域（生物分类学、胚胎学、畜牧学）的知识，以便更好地证明自己的学说。演变理论证明任务艰巨，因此达尔文进展缓慢也情有可原？抑或，达尔文21年来太过忙碌，忙于各种杂务和事项，忙于承担种种身份带来的责任，变得晕头转向？

上述推测皆有道理。探求“达尔文的拖延”真正的不确定性，在于弄清楚各个影响因素如何相互作用——各因素的相对重要性和错综复杂的协同效应——人们不可能在一个半世纪后通过心理传记或简单的文本分析得出确定的答案。查尔斯·达尔文性格复杂，勇气十足但为人腼腆，悟性甚高但总是苦恼，他头脑聪明，有一副柔软的心肠和一个像涂料混合机一样不安定的胃。倘若达尔文性格单一，坦率易懂，那他也不会如此有趣了。

如果简单做一下梳理，也许可以将达尔文看得更清楚一些。1846 年秋，达尔文 37 岁。自他 10 年前在法尔茅斯港走下“小猎犬”号以来，已经出版了三本同“小猎犬”号航行相关的书：一本研究珊瑚礁的地质论文集，一本研究火山岛的地质论文集，一本《考察日记》。其中《考察日记》大受欢迎，很快再版。他的第三本地质学著作（主题是南美洲）已在做印前检查，即将面世。达尔文还编辑了《“小猎犬”号的动物学》系列图书中的五卷，发表了二十多篇科学论文。大多数论文篇幅短小，浅尝辄止，但是研究苏格兰罗伊河谷中奇特阶地的论文篇幅长、见解深，发表在英国皇家协会的学刊《哲学学报》（*Philosophical Transactions of the Royal Society*）上，足足有 42 页。在这篇论文里，达尔文认为这些阶地是古老的海滩，随着远古时期罗伊河谷地面下沉、海平面上升才形成。这个观点同他在地质学上秉持的看法一致，达尔文受莱伊尔影响，认为地面升降在地质特征和化石沉积中发挥了重要作用。罗伊河谷论文发表在久负盛名的学刊上，理论大胆，对当时达尔文建立声望、树立形象意义非凡。后来，文中观点被证明有误，意义也变得不同了。事实上，人们也可以认为达尔文推迟出版进化论可能是因为罗伊河谷论文中错误的观点。

《考察日记》也很重要，但较少有争议，因此在 1839 年，达尔文作为一名年轻有为的科学旅行者声名鹊起。最初，这本书只是菲茨罗伊所出四卷本中的第三卷，题为《记录与评论》。达尔文只是《“小猎犬”号探险船勘测航海记事》（*Narrative of the Surveying Voyages of H. M. S. Adventure and Beagle*）的主要作者——

菲茨罗伊和前任船长的陪衬。毕竟，他以非正式身份参与航行，接受随船博物学家一职几乎纯属偶然。但是书籍出版后，达尔文比这两位主要作者更引人注目。不同于另外两卷，他撰写的一卷满是精彩的历险故事，异国风情浓郁，文笔流畅亲切，是一本优秀读物。人们喜欢达尔文写的这卷。出版商敏锐地察觉到这卷的市场需求，三个月后重新发行了单行本，这一定给了飞扬跋扈的罗伯特·菲茨罗伊当头一棒。书名经达尔文修订后字数更多，底气更足，凸显了维多利亚时代的文风：《“小猎犬”号所到地区的地质史与博物学考察日记》（*Journal of Researches into the Geology and Natural History of the Countries Visited by H. M. S. Beagle*）。虽然单行本上市大卖，但是达尔文受制于菲茨罗伊安排的出版合同，没有从中赚到一分钱。6 年后，他签订了一份更好的合同，将版权以 150 英镑卖给一个新兴出版商，这在 1845 年可是一大笔钱。达尔文积极修订，删除乏味的章节，增添更有趣味的内容，插入有关专家研究“小猎犬”号资料的最新成果，调换“地质史”和“博物学”在标题中的前后顺序，因为达尔文当时研究的主要兴趣已经不是地质学了。

书中最引人注意的改动是加拉帕戈斯群岛这一章。他新增了一张绘有四种雀科鸣鸟的图片，以展现它们在鸟喙上显而易见的不同点，这些不同是约翰·古尔德帮忙指认出来的。达尔文写道：“人们看到身形小巧、亲缘关系密切的鸟类群体在结构上的渐变性和多样性，可能真的会设想群岛上的鸟类原本非常稀少，某一种鸟类被选中，朝不同的方向不断改变性状。”1839 年的版本中，达尔文含糊其辞，表达稳妥，不冒风险，他说加拉帕戈斯群岛上的“造物主”（the creative power）忙得不可开交。而新版中，达尔文转换措辞，惊叹于“造物力的量”（the amount of creative force），用词稍有不同，与其说他表达准确，不如说他引入了定量的含义，而且他承认自己深深“震惊”于群岛上如此丰富独特的物种，尤其是这些小岛是由近代火山活动形成的。“因此，从时间和空间两个维度上来说，”他写道，“我们似乎已经看到一个伟大的事实，一个谜中谜——地球上新生命的问世。”这种表述实属玩笑。达尔文提到“谜中谜”是在呼应杰出的科学哲学家约翰·赫歇尔。赫歇尔口中的谜是指“灭绝物种会被其他物种取代”，化石记录证明了这点，但自然神学无法解释。达尔文采用赫歇尔的表述，让将物种起源视为未解之谜这一态度显得更权威、更有力，也让达尔文得以表现他对解决这个未解之谜的兴趣。之后，他顺势转到了对加拉帕戈斯群岛上啮齿动物的讨论。

1845 年，读者对《“小猎犬”号所到地区的地质史与博物学考察日记》修订版本中的雀科鸣鸟插图赞赏不已，迫切想知道其中到底有什么秘密。或许加拉帕戈斯群岛的确让达尔文在“某种程度上更接近”物种起源的宏大命题，但是达尔文没有因此更进一步，也没有出版相关著作，就这样又过去了 13 年。

除了远离社会、投身科学，达尔文也喜欢赚钱，并且不仅仅是通过当作家赚钱，他还有其他生财之道。他像个仔细的观鸟人一样，时刻关注投资事务。他的其中一项投资是用父亲资助的财产购置了林肯郡比斯比村（Beesby，Lincolnshire）附近一个 324 英亩的农场，出租获利。达尔文摇身一变成为地主，自嘲为“林肯郡的大地主”。他投资了运河交通，后来还持有铁路运输的股份。刚结婚时，他和埃玛每年约有 1200 英镑收入，大多是双方父亲为他们设立的信托的利息。除去一大家子日常生活的开销，他们还设法积攒了一点，收入连续十年增长。1848 年达尔文的父亲过世后，他们突然收入大增。达尔文和兄弟姊妹以不公开的方式分割了达尔文医生的宅邸，这带给达尔文一笔高达 45000 英镑的巨额财富。这真是一笔巨款！接下来几年，达尔文和埃玛共同的年收入高达 3700 英镑，他们将其中一半用于再投资。二人的收入源源不断。与家庭遗产和投资收入相比，达尔文出版作品的收益真是太少了，但也不至于少到不值一提。达尔文的《“小猎犬”号所到地区的地质史与博物学考察日记》第一版收益为零，第二版的收益尽管数额不大却也让人满意。突然之间，达尔文从出版作家变成了酬劳丰厚的专业作家。他和新出版商约翰·默里（John Murray）关系紧密。14 年后出版的《物种起源》在科学界竖起一座高耸的里程碑，也为二人带来了巨大的财富。《物种起源》的前两版（分别出版于 1859 年末和 1860 年初）给达尔文带来了 616 英镑 13 先令 4 便士的收入。但这只是开始。

达尔文并不贪婪，他只是出于习惯，善于统计财富，注重细节。他手头有许多收支簿，记录了从结婚到离世共计 43 年的收支情况。其中记录了一些细节，比如 1842 年付给管家帕斯洛（Parslow）25 英镑的年薪、1863 年个人花在鼻烟上的 18 先令等。1863 年他在置办鞋靴上也花费了 18 先令，鞋靴也许价格昂贵，但经久耐穿，即便是常常散步也可以穿很久。吸鼻烟是达尔文的大陋习。在达温庄园住了 5 年，他翻修花园、改良土地，花了 58 英镑。同年，达尔文一家人在啤酒上花了 32 英镑，但收支簿上没有写清楚当年谁喝了多少。

1846 年，达尔文有四个活蹦乱跳的孩子——两男两女，还有一个孩子即将出生。达尔文总有一个即将出生的孩子，直到埃玛年近五十也不例外。埃玛一生总共生了十个孩子，其中三个夭折。她受孕次数之多实属罕见，孩子夭折率之高也非同寻常。最终，达尔文为孩子们的身体健康苦恼不已（除了夭折的三个孩子，其他几个孩子大都体弱多病），认为孩子们或许是遗传了自己的体质，他因此愧疚不已。他甚至怀有不安的猜想，认为孩子们体弱多病可能与近亲结婚（他和埃玛是表亲）有关。

达尔文在村子里的地位举足轻重。他和当地教区的助理牧师结交为友，这位牧师很年轻，在 19 世纪 40 年代中期来到此地，尽管达尔文本人已经不再去教堂，只有埃玛和孩子们还在参与礼拜，但是他依然会帮助处理当地教区事务。之后不久，他同意担任当地教堂煤炭和服饰俱乐部的财务主管。最后，他还担任了当地一个互助会——达温互助会的财务主管，这个协会由他提议建立，服务于当地工薪阶层。为扩大领地，达尔文在自家宅邸的后界又租了一块土地，这块地位于草场西侧，种了桦树、角树、山茱萸等多种树木，还用冬青树围了栅栏。有一条砾石小路绕地一周，达尔文每天在这条小路上散步思考，后来人们称之为“达尔文的思想小路”。这条环形小路不长，大约只有 0.25 英里，所以，达尔文有时会走上好几圈，每走到一个特定地点就会像踢算珠一样把石头踢到路边，记录圈数。他常常看着孩子们嬉戏玩耍，观察鸟巢，喜欢日常事务带给他的平静和慰藉，厌恶挑衅和动荡。“我的生活过得和时钟一样，”他和菲茨罗伊在多年后首次交流时坦承，“我将在现在居住的地方待到生命终结。”

菲茨罗伊当时刚被英国殖民地部解除新西兰总督职务回到英国。达尔文的信写于 1846 年 10 月 1 日，离他迫不及待走下“小猎犬”号的日子刚好十年差一天。如果达尔文此时心生怀旧之情，怜悯、感激菲茨罗伊——尽管他不曾对菲茨罗伊抱有好感——那么他的内心想必还会有其他感受：时间过得如此之快，他的成就却如此之少。他在日记里为航行结束十周年作了标记，还写到自己刚刚改完《南美地质观察》（*Geological Observations on South America*）最后一页校样。这套三卷本地质学著作经他推敲考证，耗时四年半才完成。达尔文抱怨："多少时间浪费在了生病上！"

但身体健康、不受疾病干扰时，达尔文工作努力，毫不停歇——用现在的话说，他是个工作狂——勤勤恳恳，从不间断，研究项目一个接一个，没有假期也没有庆功会。达尔文不是那种完成著作就打开香槟庆祝的人。1846 年 10 月 1 日，也就是达尔文改完《南美地质观察》校样的那天，他打开了一瓶保存已久的标本，这是他从"小猎犬"号航行带回来的，里面装着十几只藤壶，种类奇特，形态极小，会在特定的海螺壳上钻洞。11 年前，他在智利海岸附近的乔诺斯群岛①上收集了这些标本。现在，达尔文打算解剖这些小动物，将它们辨认清楚，写篇论文。

开始之时，达尔文心情愉快，以为这项工作不会花太多时间，但他没有预见到藤壶分类学将会占据他整整 8 年时间。

14

1846 年到 1854 年，除了解剖藤壶，达尔文没有进行其他研

---

① 乔诺斯群岛（Chonos archipelago），太平洋上的多山群岛，绝大部分岛屿草木丛生。

究。达尔文的工作台在书房窗边，他就坐在转椅上用显微镜解剖藤壶。他把显微镜下看到的图像画下来，将标本解剖部分保存在密封载玻片上，然后将这些载玻片分门别类地收进抽屉。他按照物种分类，精细地完成专业绘制。虽然有关藤壶的著作零零散散，杂乱无章，但他还是阅读了这些书。他下决心要搞清楚如何对绘制的物种进行分类，同时纠正之前的分类学错误。给藤壶分类并不是一件容易的事。藤壶有两类，一类（无柄藤壶）形似铁甲上的帽贝①，另一类（有柄藤壶）形似高尔夫球座上的贻贝②。更令人困惑的是，藤壶幼体游起来像是虾类的幼体。达尔文给藤壶专家和爱好者写信，央求他们出借标本，经他精细解剖之后再归还剩下的部分。他委托伦敦一家仪器制造商制作了新型解剖镜，花费了 16 英镑，相当于全家人半年的啤酒钱。标本保存液中的酒精不断挥发，达尔文书房里的味道想必和酒吧一样。一天工作下来，达尔文双眼疲倦。解剖藤壶期间，埃玛又生了一个女儿和三个儿子。达尔文埋头研究时，埃玛主理达温庄园，打理人际往来。人们常常谈起达尔文的八年藤壶研究给孩子们留下的童年印象：达尔文的次子乔治去朋友家玩时，曾问朋友的爸爸在哪里研究藤壶。

藤壶分类学是达尔文研究生涯中的意外插曲，这项研究先是远离物种演变，之后又回到物种演变。刚开始，达尔文的藤壶研究只是绘制物种，任务简单，但他渐渐痴迷于此——他想研究，

---

① 帽贝（limpet），海产贝类，腹足纲软体动物，体扁平，多附着在海边岩石上。

② 贻贝（mussel），又称海虹、青口，双壳类软体动物，壳黑褐色，生活在海滨岩石上。

必须研究，直到把一切都搞清楚，研究透彻。但这段物种演变研究之外的意外插曲并非偶然发生的随机事件。早在1845年着手研究乔诺斯群岛标本之前，达尔文就已经在与胡克的通信中表现出了研究意向。当时，他们在信中讨论一本有关物种本质的书，作者是法国植物学家弗雷德里克·热拉尔（Frédéric Gérard）。这本书显然是一本粗制滥造之作。胡克一直在植物学方面思维严谨，他告诉达尔文："我不认为这些观点理所当然，它们出自一个根本不懂博物学含义、只以自己的方式看待问题的人。"虽然胡克只是在批评热拉尔，无意指责朋友达尔文，但是达尔文依然为自己作了辩护。尽管达尔文在地质学领域资历深厚，但他在系统生物学上的研究不够深入，换言之，达尔文从未像生物分类学家一样辛勤研究和绘制过某一类动植物，因而他把胡克的评论视作对他个人的批评。他马上回信："你认为唯有详细绘制过许多物种的人才有权审视与物种有关的问题。你如此评论（对我而言）真是既痛苦又真实！"13个月后，达尔文开始绘制藤壶，他不想被人视作——像热拉尔和《自然创造史的遗迹》的作者一样——愚蠢轻率、基础不牢、对物种细节上的差异辨别不清的理论家。

达尔文研究的第一个生物标本在许多方面让人困惑。他认为这只不比针头大的藤壶形似帽贝，属于无柄藤壶，但是它没有附着在岩石上，也没有分泌物形成的圆锥形外壳，而是把蜗牛壳视为安身之所，钻入其中。达尔文辨认出这只藤壶代表了一个未知的属，暂时将其命名为节肢藤壶（Arthrobalanus），他在给胡克的信件中深情地称它为"节肢藤壶先生"。两周的藤壶解剖之后，达尔文心情愉悦，感觉自己可能会再花一个月的时间研究藤壶，并且每天都能发现一些令他惊喜的新结构。达尔文工作时会用几块木头支撑手腕。他告诉胡克，在撰写多年地质类作品后，能再次亲自观察、亲手研究是多么令人兴奋。一个月后，随着研究更加深入，达尔文对节肢藤壶先生的生殖特点感到困惑不已。人们已知的大多数藤壶雌雄同体，每只藤壶都同时长有雌雄性腺。而根据达尔文的辨认研究，这只藤壶有两根阴茎，没有卵囊。这个线索引出了达尔文整个藤壶研究中的第一个重大发现：一些藤壶为雌雄同体，一些藤壶为雌雄异体，还有一些藤壶的形态停在雌雄同体和异体的复杂转换之间。蔓足亚纲（the Cirripedia）动物从雌雄同体渐变到雌雄异体的繁殖习性暗示了生物演变的痕迹。

1846 年 11 月末，达尔文给解剖学家理查德·欧文寄了一份节肢藤壶论文的草稿，请教反馈意见，同时坦承自己对藤壶研究非常着迷，当下正在解剖其他 6 个属。接下来的春天，达尔文身体状况不佳，一连几周生病，身上还生了疮。他中断了手头工作，前往伦敦处理了皇家地质学会的事务。6 月时他前往牛津出席了英国科学促进协会的年度会议，这也是他参加的最后一场大型会议。彼时达尔文大多数的交流都依赖于信件。他从一位富有的私人收藏家那里借了大量标本，联系多家博物馆馆长寻求更多的标本。专家们一致认为藤壶分类杂乱无章，至少有两位专业人士告诉达尔文，他们认为达尔文就是那个要把藤壶分类重整有序的人。1847 年末，达尔文开始着手编写有关藤壶研究的全面专著，描述新物种，修订之前的绘图，对整个藤壶物种做系统分类。

他说服大英博物馆给他长期定时寄送馆藏藤壶标本，千方百计地调用所有可利用的资源。他甚至给詹姆斯·克拉克·罗斯爵士[①]留过便条。罗斯爵士曾是胡克赴南极航行时的船长，彼时他正在准备前往北极寻找约翰·富兰克林爵士[②]。富兰克林爵士也是一名探险家，被困在巴芬岛（Baffin Island）以西的冰冻海峡中。达尔文在便条中问道："您在北极避开冰山四处寻找富兰克林爵士的时候，能否劳烦您帮我带一些北方藤壶呢？当然，您届时会非常繁忙，但是从岩石上搜刮几只藤壶并不会花费您多长时间。"为了让这些藤壶保持活跃，达尔文温和地请求罗斯爵士务必确保它们的基质不会受损。罗斯爵士显然没有把达尔文的话当回事。

藤壶研究中的科学难题还包括人们对藤壶属于动物界中的哪一类意见不一。藤壶是软体动物吗？它们周身包裹外壳，长期附着生活，通过内腔摄食海水，似乎属于软体动物。研究学者 J. 沃恩·汤普森（J. Vaughan Thompson）在 1830 年纠正了这种错误观念。他注意到藤壶幼体可以自由游泳，这一点同甲壳类动物（crustacean）相似。在达尔文的时代，人们或多或少同意藤壶属于甲壳类动物。"蔓足亚纲"这个名词反映出这些动物在坚硬的外壳之下和畸形小龙虾一般，它们的头部粘在基质上，纤细的腿向上挥舞抓取食物。达尔文选择的任务是研究清楚蔓足亚纲，把它们集中分到腕足动物门（时称关节动物门[③]）下，按照科、属、

---

① 詹姆斯·克拉克·罗斯爵士（Sir James Clark Ross，1800—1862），英国南极探险家、航海家，第一个发现地磁北极和南极的罗斯海区域的人。

② 约翰·富兰克林爵士（Sir John Franklin，1786—1847），英国船长及北极探险家，在搜寻西北航道之旅中失踪，他和队员的下落在其后十多年间一直成谜。

③ 关节动物门，指生活在海底的一大类有壳的无脊椎动物，它们的两瓣壳大小不一样，壳质是钙质或几丁磷灰质，分 4 个纲。

种有序分类。蔓足亚纲是关节动物门下区别于甲壳纲、昆虫纲、蛛形纲的一个平行纲吗？还是说，蔓足亚纲只是甲壳纲下已知的一个亚纲？经过仔细研究藤壶的解剖结构，对比不同物种并明晰幼体与成体的匹配程度，达尔文最终认为蔓足亚纲是蔓足纲下面的一个亚纲。在这个亚纲之下，达尔文辨认出两大科——无柄藤壶科和有柄藤壶科，除此之外还有其他几种畸变体。其中一种畸变体就是达尔文艰苦研究藤壶的起点——节肢藤壶先生。

达尔文决心研究生物分类和生物相似性，这既是达尔文之后的日常工作，也是研究生物分类学的必要工作。生物分类学作为生物学的一个分支，其诞生原因是人类大脑渴望秩序，而分类学（对物种进行描述、命名、系统分类）按照人们可理解的秩序对眼花缭乱的生物多样性作了梳理。分类研究历史悠久。亚里士多德将动物分为“有血动物”（blooded）和“无血动物”（bloodless，昆虫属于无血动物），以此为起点，不断往下分类。亚里士多德成功区分了鲸和鱼，但他误把鲸分离出哺乳动物，还把藤壶归为软体动物。中世纪时，出于医学需要，植物鉴别和分类受到人们的重视，一些专家出版了植物志（植物辞典）帮助人们鉴别植物。最初人们将植物名称按字母顺序简单排列，但是，随着已知植物种类不断增多，药剂师们发现这种排序方法已经不便于表述植物的类别信息。植物学家加斯帕·鲍欣（Caspar Bauhin）在1623年出版的笔记中记载了6000种植物，按照植物形态或生理特性分为不同的属；60年后，约瑟夫·图内福尔（Joseph Tournefort）明确了属的概念，将属列在纲之下。这些科学家在植物学上提出的分类概念相对模糊，之后，18世纪中期颇负盛名的瑞典植物学家卡尔·林奈建立了现代生物分类系统。林奈规定物种命名采用双名命名法，每个物种的名字皆由拉丁化的属名和种加词组成，按照特定的分类阶元体系分类。在界（植物界和动物界）之下，林奈明确划分了四个层次：纲、目、属、种。之后，包括达尔文在内的分类学家将生物界划分得更加细致，分为七个层次——界、门、纲、目、科、属、种，各层之间还附加有次生单元（比如亚目、亚科、亚种）。然而，定义分类层次只是设计生物分类系统中最平常的问题。另有两个问题更加棘手：生物分类的顺序反映出了某个随机事实（如果有的话）吗？分类学家如何确定何种物种归于何类？

林奈将动物界分为 6 个纲，其中一纲为蠕形动物①，不仅包括蚯蚓、绦虫、水蛭、寄生扁形虫，还包括海参、蛞蝓、蜗牛、海星、海胆、珊瑚虫、苔藓虫、章鱼、鱿鱼、牡蛎和其他所有软体动物、棘皮动物②、甲壳动物，当然也包括藤壶。林奈分类的蠕形动物纲涵盖广泛，包含了常见的小动物。1795 年，乔治·居维叶在《关于蠕虫动物分类的回忆录》（*Memoir on the Classification of the Animals Named Worms*）中不赞同林奈的分类方法，这是生物分类学上的又一重大进展。居维叶并未将所有蠕虫动物和非蠕虫无脊椎动物混为一谈，而是将它们重新分为 6 个纲。他在之后的著作中将动物分为四大类或四大门：脊椎动物门、软体动物门、有绞动物门（包括后来的节肢动物）和辐射对称动物门（如海星

---

① 蠕形动物（Vermes），三胚层动物，体长，多为扁长形、核圆长形，有前、后、背、腹之分，且左右两侧对称，大多数肌肉发达，形态基本相似。

② 棘皮动物（echinoderm），无脊椎动物，现存种类6000 多种，化石种类多达20000 多种，从早寒武纪出现到整个古生代都很繁盛。沿海常见的海星、海胆、海参、海蛇尾等都属于棘皮动物。

和海胆一类的环形动物）。他还提出，每个门的动物都具有独特的构造，完全不同于其他三门。这种分类的核心是神经系统。居维叶认为，解剖学上的其他特性根据四种原始神经系统形成，都属于功能上的改变，适应于特定条件（在特定环境中生活）。居维叶认为四大门的存在理所应当。此外，他还认为各个器官在功能上的相互依赖性复杂无比，只有改变所有的器官才能改变某个器官。换句话说，居维叶的分类系统吸收了适应性（依环境而生）理念，但没有考虑到演变的可能性。

19 世纪初，圣提雷尔也在巴黎工作，他是居维叶在比较解剖学上亦敌亦友的同仁。与居维叶的功能分类不同，圣提雷尔的观点更倾向于形态分类，也就是说，他认为物种的基本形态稳定不变，物种多样性不是为了适应外界条件而在功能性上产生的必要调整，而是根据原始形态偶然产生的外部改变。他们的观点听起来只是侧重点不同，但实际的不同点很多。圣提雷尔察觉到在动物外形多样性之下存在“设计统一性”。例如，脊椎动物的骨骼作为一种设计模板，为哺乳动物、鸟类、爬行动物和鱼类提供了共同的结构框架。居维叶认为每一门都有一套神经系统，而神经系统的功能性需求解释了不同的解剖细节。“设计统一性”的观点远远超出了居维叶的设想。在圣提雷尔看来，结构是决定功能的主要因素，而不是功能决定结构。物种潜在的设计结构是动物解剖学上的主要决定性因素，适应性改变则是次要因素。圣提雷尔承认，生物谱系内部存在演变的可能性，但他并不认为所有生物都有共同的祖先。最终，他提出了一个更广泛的统一性，声称关节动物属于脊椎动物。他认为，昆虫不过是把骨骼穿在外面的脊椎动物。1830 年，圣提雷尔根据头足纲动物①与脊椎动物解剖结构相似的证据，试图进一步扩大脊椎动物的种类，将软体动物和关节动物也囊括其中。但是在一次著名的辩论中，居维叶将章鱼从脊椎动物中剔除了。

还有一种命理学分类方法——五元分类法，由英国昆虫学家、外交家威廉·夏普·麦克利（William Sharp MacLeay）提出。麦克利的五元论影响不大。罗伯特·钱伯斯受其影响，在1844 年发行的首版《自然创造史的遗迹》中特别介绍了五元论。年轻的讲师理查德·欧文则从麦克利身上吸收了更多观点。达尔文也读过麦克利的书，他们在皇家动物学会相识。达尔文在早期笔记中记述，自己有段时间曾对五元论产生了浓厚的兴趣，但并不认可这种观念。在麦克利眼中，生物界的物种根据相似性可划分为五大集合，各集合内的物种连成一个圆圈。一个集合包括五种雀科鸣鸟、五种鬣蜥、五种其他生物。物种按照相似程度围成一圈，圆圈集合呈封闭形式，第五个物种与第一个物种相似。其他分类层次也各自包括五大类，同样按相似程度循环排列。例如，动物界分为五纲，分别对应居维叶的四大动物门和下等动物（Acrita，没有形状的动物，如海绵动物）。脊椎动物纲有五目。麦克利的想法都和“五”有关。他似乎坚信上帝也是这么想的。

五元分类法强调“五”，用圆圈划定生物集合——这不过是该理论的起点。麦克利还看到了物种间的亲缘性、平行性、类比性和共同特点，这些关系像一碗有磁性的麦圈一样把整个系统连

---

① 头足纲动物，现存约 700 多种。包括鹦鹉螺、乌贼、柔鱼、章鱼等。身体左右对称。头部发达，两侧有一对发达的眼。足的一部分变为腕，位于头部口周围。

接起来。尽管麦克利承认自己对植物学一无所知，但他断言植物界的圆圈集合与动物界集合相对应。如果动物分为五大类，那我们合理推测，植物也会分五大类，难道不是吗？每一层的圆圈通过麦克利口中的异常类或异常物种（aberrant，不能完美归入任一圆圈的过渡物种）相联系，圈与圈的交汇处通过中间物种（osculant）相连。鸭嘴兽是介于哺乳类和鸟类之间的异常物种。但是，鸭嘴兽是同时属于这两个圈子还是都不属于？答案：鸭嘴兽是中间物种。亲缘性是指在特定圈子内群体之间的相似性，类比性是平行圆圈中各类间的一致性。玳瑁身上体现了爬行类和鸟类之间的亲缘关系；被囊动物[①]是软体动物和下等动物间的中间动物；藤壶是连接辐射对称动物和关节动物的中间动物，也就是介于海胆和龙虾之间的物种。现在听来可能觉得这一切有些古怪，但在当时，五元论代表了一种在生物多样性中寻找秩序的谨慎尝试。1839 年，麦克利去了澳大利亚，而他的五元体系继续影响着英国生物学家。

对达尔文来说，五元论让他头疼不已，他已经有大量要处理的问题了。所有分类系统都没有考虑物种之间为什么会相似，无论是在深层结构上相似（比如所有的脊椎动物），还是在外部细节上相似（比如同一属内的两种藤壶），而这令他感到沮丧。正如达尔文 1843 年对乔治·沃特豪斯的抱怨，当时分类学的问题“在于人们不清楚要在自然分类中找寻什么”。林奈也承认他对此毫无头绪。达尔文写道：“大多数著作者认为分类学是在尝试发

---

① 被囊动物（tunicate），又称尾索动物，属于无脊椎动物，网状小型生物，遍布于海中。

现造物主创造井然有序的生物物种时遵循的规律。”但对他来说，这些说辞“空洞夸张”。他向沃特豪斯坦陈了自己疯狂的观点，即物种分类应反映“血缘关系”（来自共同祖先的血统）。这不是形而上学，而是系谱学。

在达尔文看来，虽然对物种进行绘制、命名和系统分类单调乏味，但这也是他对物种演变理论的应用练习。对还没有准备好广泛宣传个人理论的达尔文来说，还有比这更好的事业吗？达尔文已经写了一本百科全书式的蔓足亚纲巨著，用词严肃克制，甚至有些枯燥乏味，其中暗含物种演变思想。如果达尔文的分类系统比其他分类系统更合理、更有说服力，那么藤壶分类学就将成为其理论典雅而简洁的证明。这项事业的确值得他付出时间和精力，难道不是吗？确实如此……但也许并不值得他花费八年之久。

15

约翰·爱德华·格雷（John Edward Gray）是大英博物馆动物收藏部的管理员，是达尔文求借藤壶标本时的联系人。格雷在 1848 年给达尔文带来了危机。当时，在格雷等人的鼓励下，达尔文投身藤壶研究，倾注了不少心血。格雷说服博物馆信托人给予达尔文一项特权：向达尔文出借馆内所有藤壶标本，分批寄往达尔文家中，供达尔文解剖研究。虽然格雷也对藤壶研究颇有兴趣，但他依然将自己的研究计划搁置一旁——不管怎样，情况看起来如此——转而支持达尔文的藤壶研究。同年 3 月，格雷出人意料地在皇家动物学协会上发表了几篇关于蔓足亚纲的小论文。达尔文对此不曾表态。对于格雷在藤壶研究上的新成就，达尔文不太可能没有听到一点消息，可能是他并不在乎，抑或是抑制住了自己的嫉妒之情。几个月后，他听到朋友间议论纷纷，说格雷“意在抢先”——在达尔文拿到标本研究藤壶前就抢先发表文章，对最奇怪有趣的藤壶物种进行说明。此种行径听来卑鄙龌龊，这是在达尔文的藤壶研究领域进行科学上的偷猎。达尔文当面同格雷对质（他想必亲身前往大英博物馆同格雷进行了简短的谈话，这类事件通常会使他感到不适），会面之后他寄出了一封信，内容拘泥于条文法规，语气暴躁。达尔文写道，如果他早先知道格雷会乘虚而入，优选最好、最有趣的藤壶进行研究，那么他绝不会从事如此艰巨繁琐的研究工作。达尔文为自己不得不提出这个话题而道歉，尽管他听起来丝毫没有道歉的意思。格雷退让了，将藤壶留给达尔文，继续向达尔文寄送博物馆标本。

这件让人不快的小事悄然淡去，几乎不值一提，但从中也反映出了达尔文的个性特点。达尔文在意研究上的先后顺序吗？的确，他在意。查尔斯·达尔文身上有人类与生俱来的自豪感，他不仅享受科学探究和发现带来的纯粹满足感，也珍视出版、信誉、名望和拔得头筹的乐趣，这不仅体现在达尔文与格雷的争执中，也体现在他早前与罗伯特·格兰特之间的叶状藻苔虫抄袭旧事中，还体现在接下来更令人痛苦的人生插曲中（达尔文与阿尔弗雷德·拉塞尔·华莱士的交往）。

不久，达尔文年迈的父亲生命垂危，让他遭受了又一重大打击。达尔文医生 82 岁，体形肥胖，身患痛风，瘫坐在什鲁斯伯里家中的轮椅上，达尔文的未婚姐妹苏珊、凯瑟琳与两名忠诚的仆人承担起家中的护理任务和杂务。达尔文对父亲的感情很复杂。达尔文医生威严赫赫，是达尔文8岁以后唯一陪伴他的家长。虽然他（有时达尔文称他为“长官”）总是慷慨地资助达尔文，对达尔文提出针对性的建议，但在达尔文孩提时，父亲将抚养孩子的任务几乎全部托付给了达尔文的姐姐们。后来，他同达尔文长年保持通信。达尔文尊重父亲的性格魄力，也尊重他的商业头脑和判断能力，深深感激父亲在经济上对自己的慷慨资助，但是父亲曾经与他意见相左，直言不讳，这早已在达尔文的心灵上留下伤疤。他从未忘记父亲说过“你会让整个家族蒙羞”，多年之后，他已经是个撰写自传的老头时还引用了此话（或从沉郁的记忆中重新想起此言）。但在同一段话中，他也会称父亲为“我认识的最善良的人”，宽容谅解父亲冷酷而不公正的言辞。随着达尔文越来越成功，他们父子的关系有所改善。达尔文先是由于“小猎犬”号之旅被人们推崇为年轻的博物学家，之后又成了出版作家和受人尊敬的科学家。父子俩似乎已经克服了关系上的种种困难，两位维多利亚时代顽固而倔强的绅士将彼此间的冲突很好地转化成了父子亲情。此外，多年以来，达尔文医生看到小儿子达尔文逐渐成长为家族里的成功人士，而达尔文的哥哥伊拉斯谟已然堕落为整日懒散过活的怠惰之人——不结婚，不从医，也不从事任何有偿工作，只沉迷于社交世界——他大概更认可达尔文。达尔文也没有工作，但他出书，一些著作还博得好评，获得了收入。他们父子之间的另一纽带是达尔文的内疚之情。达尔文搬到肯特过隐居生活后，专注于工作，照料埃玛、子女和自己时常生病的身体，他知道自己已经离开了父亲和两个未婚姐妹，未能常在他们身边，提供他们期许的情感支持。达温庄园里的隐居生活是达尔文主动寻求的，而什鲁斯伯里房子中的孤独更为纯粹。达尔文对父亲的感情十分复杂，如今雪上加霜的是达尔文医生快要不行了。

达尔文上次见到父亲是在1848年10月，他回家探亲。根据达尔文的日记，这段时间里，他感到“异常不适，头晕目眩”，“情绪抑郁，身体发抖——许多恶疾发作”。不管怎样，他还是去了什鲁斯伯里。达尔文的姐妹们需要同时照顾两个病人。5月的时候，达尔文曾回到什鲁斯伯里探亲，与达尔文医生愉快地玩牌；但10月这次探亲，他们大概玩不成牌了。达尔文写了一封关于藤壶的长信，寄给哈佛大学的一位科学家，除此之外，他一直在这所阴郁的庄园里忙忙碌碌。接着，他回了家。三周后，家中最小的凯瑟琳写信称达尔文医生情况恶化，“我们推他进入温室，他坐在轮椅上大喘粗气，说话声音小得都听不见，但是他神态平静。今早他试图想谈谈你，但情绪过于激动说不出话来”。她继续写道：“抱歉，你的胃病还没好。”这让达尔文从沉思中回过神来。第二天，凯瑟琳来信说：“父亲今天早上过世了。”

她接着说：“葬礼在星期六举行，这样一来，你就有时间到场了。”

达尔文去了，也可以说没去。事出有因（达尔文可能病得很重，或者等着埃玛拜访完回家），过了几天他才动身。他终于在星期五去了伦敦，独自一人，让妻子和新生儿在家，现在家里到处都是年龄大一点的孩子们、仆人和藤壶。尽管伊拉斯谟已经前往什鲁斯伯里，但那天晚上，达尔文仍然借住在伊拉斯谟的家里。逗留伦敦期间，达尔文为自己和父亲悲伤不已，匆匆给埃玛写了一张便条，表达他对她日益加深的爱和依赖：

亲爱的嬷嬷：

我现在在伦敦。午餐吃了土司，喝了茶，我感觉不错，旅程挺好，快到伦敦时我才感到累。我现在精力充沛，感觉与平时差不多。

亲爱的妻子，你对我的爱和支持是多么珍贵，无以言表。我常常担心我的不适和抱怨会让你感到厌倦。

你可怜的丈夫，C. D.

第二天，达尔文乘火车直达什鲁斯伯里，在送葬队伍向教堂出发后他才到家。达尔文没有上前追赶，而是和一位已婚的姐姐待在家里，他俩感觉难以承受出席父亲葬礼或是站在墓地旁边的悲痛。达尔文后来解释说，这“只是个仪式”，但他也承认，这种“剥夺感”让他难受不已。没有人知道他是不是在故意磨蹭，不想看到父亲下棺。但他缺席一些严肃仪式和重大事件的行为并非偶然，这是他的行事方式。

16

身体状况允许的话，达尔文总是能在藤壶身上发现一些激动人心的东西：奇怪的中间生殖行为、与甲壳动物的同源性、残迹结构或“发育不全的”结构、藤壶鼻子、藤壶耳朵、无嘴的幼体阶段和藤壶粘腺（藤壶成体在最终成熟时通过触须分泌形成的附着点，永远粘在岩石、木条或船体上）。达尔文注意到，寄生石砌属（Proteolepas）物种没有腿部；雀鹛属（Alcippe）物种只有原始藤壶 17 种结构中的 3 种，除此之外，雌性没有肛门；四甲石砌属（Ibla）只有雌性物种——看起来情况的确如此，直到进一步观察才发现，微小的雄性寄生在雌性中，像黑头一样嵌在雌性身体中，数目不比精囊多。这些奇怪之处为某个属特有，或者为某个属下一个或多个物种特有。他还发现了另一个分类层次上的显著差异：物种内部的差异。达尔文一直认为在野外鲜少有变异发生，但藤壶形态变异很大，与他的看法恰恰相反。物种不是柏拉图口中的本质，也不是形而上学的类型，而是不同个体组成的种群。

如果达尔文没有主动进行高难度的物种分类研究，没有利用自己的人际关系和博物学家的声望从全世界收集大量的藤壶标本，那么就不会有这些发现和感悟。只有通过大量的研究才能揭开物种变异的真相。如果他只观察有代表性的物种个体，没有尽可能地仔细检查多个物种个体，那么他也不会有这些发现。胡克曾要求达尔文告知藤壶研究的新进展，达尔文给他写信说："我太震惊了！每个物种的每个部位都发生了某种程度的细微变化，太让我吃惊了！"这一只阴茎更大，腿更短；那一只柄更长，胸腔更宽。达尔文没有想到藤壶研究会涉及个体间如此丰富的细微差别，要求研究人员具备高超的分辨判断能力。物种内可以存在多少变异？物种与物种下品种（例如狗的品种）的分界线在哪儿？这些问题可能会让人一头雾水，头脑发狂。达尔文对胡克说："如果没有这些混杂的变异，系统分类工作就容易多了。"他也承认："对我来说，做一个思考者很愉悦，但做一名系统分类学家让我厌烦。"达尔文现在不只思考分类顺序，还在思考演变。大量的藤壶变异填补了达尔文理论中关键的一环。自然选择正是在这些微小变异上发挥作用的。

但是，只有身体允许的时候，达尔文才能月复一月地投身于收集、检查、解剖和绘制工作。在他不能工作时，这些研究会给他带来成倍的压力。1850 年 3 月，达尔文从事藤壶研究工作差不多四年了，他向莱伊尔抱怨："我的蔓足亚纲研究任务是无休止的，毫无明显进展。"这种厌倦说辞有些夸张，但也揭示了达尔文的感受。几个月后，他对胡克也表达过类型的情绪，说他终于给印刷商寄了"蔓足亚纲研究上的一点可怜的成果"。那时，他决定写一套四卷本专著：两卷关于有柄藤壶（一卷写英国的化石，一卷写世界各地现存的活体），两卷关于其他藤壶（包括化石和现存活体）。"一点可怜的成果"即有柄藤壶化石那卷，晦涩难懂，受众有限，1851 年由古生物学会出版。同年稍晚，关于现存有柄藤壶物种的一卷也由一家专业出版社秘密出版。之后他立刻投身于无柄藤壶研究。一年后，他向老友福克斯说，他仍然在研究蔓足亚纲，"藤壶真是让我厌烦无比。世上从未有人像我这般讨厌藤壶，乘慢船航行的水手都没有我这么厌恶藤壶"。藤壶研究仿佛呼应了他的"小猎犬"号航行经历：一次漫长而孤独的航行，可能成功，也可能失败。

某种程度上来说，藤壶研究对达尔文确有回报——这不仅加深了达尔文在科学上的个人见解，也为他博得了公众赞誉。关于有柄藤壶的两卷出版两年后，英国皇家学会授予了达尔文皇家自然科学奖章，以表彰他在藤壶研究上的卓越贡献。胡克告诉了达尔文这个消息，说在皇家学会评奖的决定性会议上有人提名达尔文，接着人群中发出了"对藤壶研究的声声赞美"，这些赞美可能会让达尔文会心一笑。几周后，达尔文的确去了伦敦领奖。也许他真的笑了。可即使他笑了，那也只是趁着激动的心情还未让他在公共场合呕吐时笑了一下。

他私下里自言自语说皇家奖章“真是一块大金子”。尽管藤壶研究既枯燥又传统，但这块奖章表彰了达尔文的藤壶分类事业，使他在科学界获得了新的尊重和权威。他知道，当权者为他戴上了花环，他需要花环上的每一片叶子来面对即将到来的一切。

17

但是，1849 年初，达尔文预料不到自己会被授予奖章，也预料不到自己会在领奖时微笑，当时父亲去世不久，他正试图重新投入藤壶研究工作，然而他的病复发了。他在日记里记述：“众多恶疾缠身，精力不足，身体状况非常糟糕。”他的身体一直疲弱，直到 3 月，他准备孤注一掷，带着埃玛、孩子、管家、家庭教师和几名女佣，前往威尔士边界附近的伍斯特郡（Worcestershire）莫尔文镇（Malvern），詹姆斯·格利（James Gully）医生在那里经营一家水疗中心。这趟旅行需要乘坐两天的火车和马车。达尔文这一大家子里有五个稍大些的孩子和一个嗷嗷待哺的婴儿——达尔文的小儿子弗朗西斯（Francis），因此这是一场有组织的大型家庭行动。只有真正病入膏肓的人才会认为这种疗法可能有效。达尔文从朋友那里听说了格利医生，阅读了他写满江湖郎中式方案的著作《慢性病的水疗法》（*The Water Cure in Chronic Disease*）。达尔文别无他选，准备冒险一试。

格利疗法的理论依据是血液过多会导致胃部血管充血，由此引发“神经性消化不良”，正如达尔文的病症。格利认为，治疗方案在于通过冷水和按摩将血液从胃部引到皮肤和四肢，产生足够的寒冷刺激引发皮疹。用湿床单包裹身体还有额外的好处，可以减缓大脑运行，有助于缓解胃部不适。达尔文每天都要接受养生法治疗，用湿冷的毛巾擦洗身体，用冷水泡脚，喝冷水，整日湿敷肚子；用酒精灯烤热身体直至出汗，再用冷毛巾擦拭；在这些痛苦疗法的间隙散步打盹；服用顺势疗法药物；清淡饮食，如达尔文所说，不能吃“糖、黄油、香料、茶、培根和其他任何好吃的食物”。起初格利允许他吸一点鼻烟，每天 6 撮，后来格利让他完全戒掉了鼻烟。

达尔文对清淡饮食和戒绝鼻烟心存抱怨，也怀疑格利的顺势疗法是否有效（更不用说催眠术和透视术了，这两项也是格利医生钟爱的疗法）。但他说服自己相信痛苦的水疗法正在起作用。最初八天，他看到腿上突然长出了某种东西，兴奋极了。他连续一个月没有呕吐，体重也增加了一些。有一天，他甚至走了 7 英里路。他告诉福克斯：“我变成了只会进食和行走的机器。”他兴高采烈地告知了另一个朋友这种疗法的副作用：“它让大多数人，尤其是我，完全停止了思考。我甚至连藤壶也不去想了！”格利小心翼翼地保证达尔文可以治愈，但这需要时间。多久呢？回答总是还要再多些时日。在莫尔文镇住了三个半月后，达尔文一家回到了达温，但达尔文也将格利的一些养生法带回了家。他在花园里建了一间淋浴房，在高处搭了一个可用井水注满的蓄水箱。每天中午，他都会在花园水池里洗个冷水澡。洗冷水澡之前的几个小时，也就是早上，达尔文做的第一件事是拿着酒精灯把自己烤出汗，再跳进冷水里，强忍着寒冷让帕斯洛用冷毛巾为他擦洗身体。35 年来，这位忠诚的男管家在达尔文家看到的怪事和藤壶生殖行为一样奇怪。

达尔文感觉好多了，回到解剖镜前继续研究。他买了一匹马来骑，以锻炼身体。他计划去伯明翰参加英国协会的年会，他是协会副主席，几乎不可能缺席。然而，格利疗法的弊端在于疗效的暂时性。在伯明翰的聚会上，没有酒精灯和冷水浴，周围都是自负的同事，人声嘈杂，社交兴奋感让达尔文又一次感到反胃。他没有按计划进行实地考察，而是匆匆跑到莫尔文镇找到格利做了一次身体调理。回到家，达尔文继续进行水疗。为了避免过度劳累，他只读报纸，不看其他读物，每天只让自己花两个半小时研究藤壶，大部分时间花在湿冷的水疗上。难怪达尔文的工作进展缓慢。

接下来的几年里，达尔文又去了两次莫尔文镇。第一次是在六月里某个愉快的一周，为了让自己恢复精力，他把一半注意力放在湿毛巾上，一半放在藤壶上，声称自己已经爱上了这种“水生生活”，只是不喜欢不停地换衣服和脱衣服。这次，他没有为思考停滞感到庆幸。他头脑清醒，关于藤壶的专著似乎有所进展，人们告诉他，他看起来很好。在给胡克的一封信中，他表现乐观，情绪复杂，心情激动，这都源于蔓足亚纲物种中如此多令人困惑的变异。第二次旅行大不一样，他带去了离奇生病的大女儿。

安妮·达尔文（Annie Darwin）当时 10 岁，聪明善良，和父亲感情尤深。达尔文喜爱安妮快乐的性格，赞扬她的善良，珍惜她的陪伴。他向福克斯吐露说，他最钟爱的孩子就是安妮。他有时会纵容安妮花上半个小时整理他的头发——她说，这是为了让发型好看——或者任由她摆弄他的衣领袖口。她会在他戒烟时偷偷给他吸几口鼻烟。他在“思想小路”上散步时，她会跟着一起跳舞。达尔文后来写道：“安妮思想单纯，天真无邪。”

安妮 8 岁时患上了猩红热，危及生命，但似乎很快就康复了。或许，她没有完全康复。6 个月后，安妮的母亲注意到安妮的身体不对劲。某种阴影笼罩住了天真无邪的安妮，仿佛寒冷下午的黑影一般。安妮情绪焦躁，不时发烧，经常哭，晚上哭得格外厉害。达尔文一家把她、家庭教师和小妹妹亨丽埃塔（Henrietta，又名埃蒂）一起送到度假胜地拉姆斯盖特（Ramsgate），希望她能在海边呼吸新鲜空气，在海滩上捡贝壳；他们把她送到伦敦一位有名的医生那里；给她买了一只金丝雀。但这一切都无济于事。临近圣诞节，安妮开始咳嗽。达尔文担心安妮遗传了他的“消化不良”，但他不知道情况比这更糟。人们误以为安妮腹部不适是因为神经性消化不良，1851 年初，他们让她接受格利医生的水疗法。安妮用井中打来的冷水，接受了和父亲一样的治疗：冷毛巾包裹、揉搓，冷水泡脚，洗冷水澡。之后她感染了流感，似乎很快就治愈了，但仍然没有完全康复。她咳嗽不断，身体时好时坏。3 月下旬，达尔文带着安妮前往莫尔文镇，全面接受格利疗法。

在人们发现致病菌之前，原因不明的发烧症状很常见，当时受过教育的人会认为疟疾源于沼泽地带的瘴气，没有人知道宿醉残留物中的病毒会引起疟疾。某种意义上，安妮·达尔文的病与父亲相似：从未得到最终的确诊。一位名叫兰德尔·凯恩斯（Randal Keynes）的现代学者（他对达尔文家族的历史了解颇深，而且是安妮的哥哥乔治的曾孙，能通过特殊方式获取某些资料）曾回顾历史，力图解开病因谜团。凯恩斯向四位医学历史学家提供了所有可用的证据，请求他们作出合理的推测。他们一致认为安妮可能感染了肺结核，除了肺部，这种病有时也会侵袭大脑、肠道和其他器官。在 17 世纪，肺结核是一种可怕的不治之症，人们称其为“肺痨”或“痨病”，但对肺结核的了解并不透彻，不知道这是一种细菌性疾病，如同死亡天使一样活跃在人间。当时人们没有治疗肺结核的方法（直到抗生素出现），如果当时有治疗方法，也就不会用冷水淋浴、用湿毛巾包裹病人了。

但是达尔文一家并不知晓这些。达尔文陪着心爱的女儿去了莫尔文镇，把她留在那里，由保姆、家庭教师和小埃蒂陪伴照料。两周后，安妮开始呕吐，接着发烧，身体虚弱。格利以为安妮的身体已经度过了一场小危机，情况会好转，但是事实并非如此。达尔文回到了达温庄园，可能正在伏案研究藤壶，这时从莫尔文镇传来消息，让他最好快点前往莫尔文镇。埃玛当时又怀有 8 个月的身孕，达尔文只能立刻独自动身前往莫尔文镇。

达尔文给埃玛写的信连夜送到达温庄园，这些信中生动地记录了安妮接下来一周的情况。星期四，小姑娘安妮看起来状态不好，但她一看到父亲，“小脸立刻有了生气”。星期五，安妮的脉搏稳定了下来，但她呕吐不止，似乎“在生死之间”挣扎了“一个又一个小时”。不管埃玛那天早上的回信写了什么，达尔文读信时都哭了出来。第二天，安妮面容憔悴，几乎让人认不出来，但烧已经退了，还喝了些粥。星期日是复活节，这对达尔文来说无关紧要，他也毫无兴致，所以在关于安妮不停呕吐的记录中也没有提到复活节。达尔文记述说，安妮没有失去可爱的神气；她喝了一大口水，有气无力地说："我非常感谢你。"这是悲怆无比的一周。下一个星期天中午，安妮去世了。

安妮死后的几个小时，病床周围混乱不堪，气氛阴郁凄凉。埃玛的弟妹范妮·韦奇伍德（Fanny Wedgwood）当时曾到莫尔文镇协助他们。据她回忆，安妮的死让家庭教师当即"受到人生打击"，保姆同样显得孤苦伶仃、束手无策。达尔文在写有安妮死亡讯息的短笺的结尾告诉埃玛："我躺在床上，胃不太舒服……我还不知道何时能回家。"他感到困惑，身体疲惫，心情沮丧。他又病倒了，而安妮的痛苦已经结束了，这让他多少松了一口气。达尔文试图安慰埃玛，他写道："她从此长眠，永享平静与甜蜜。"他在一页纸中三次提到上帝，好让自己措辞虔诚而传统。范妮早前给埃玛写了一张便条，好让埃玛做好接受噩耗的准备。达尔文说"我向上帝祈祷"，但他不太可能像字面所表达的那样真的向上帝祈祷。"上帝只知道"安妮若能活得更久，她的一生会遭受何种痛苦。"上帝保佑她！"达尔文简洁地说。鉴于达尔文并不相信存在仁慈的基督教神（此时他更坚信这一点了），他的这些言论很稀奇。安妮的葬礼定在星期五举行。

达尔文没有出席安妮的葬礼。星期四一大早，他匆忙收拾了几本书和必要的衣服，搭上火车前往伦敦。交通一路顺畅，他在傍晚时到了达温。他匆忙动身是因为埃玛比安妮更需要他，埃玛身体虚弱，如果他们能一同哭泣，她会感到某种安慰。也许这正是达尔文动身的直接原因，也许不是。至于埃玛，她回信给达尔文让他不必着急。不过她也同意一点："我们在一起将不会那么痛苦。"尽管他们夫妇在神学上存在分歧，但他们现在紧密相连，不仅是艰难岁月里的爱人、伴侣和子女的父母，也是彼此的情感支柱。另一个对达尔文而言如此珍贵的人便是安妮。

1851 年 4 月 25 日，星期五，范妮·韦奇伍德和丈夫（埃玛的弟弟）同家庭教师和保姆乘着载有安妮棺木的灵车来到莫尔文镇的教堂墓地。保姆心情沉郁，只能让人抬上马车。家庭教师的心情平复了不少，断断续续地哭泣着。这是一小群哀悼者。妹妹埃蒂早就被送到其他亲戚那里了。格利医生没有出席安妮的葬礼。那天，达尔文坐在家里给范妮写信，感谢她鼓励自己离开莫尔文镇，为他安排安妮的葬礼。他补充道，他想知道安妮具体被葬在教堂墓地的何处。

没有出席安妮的葬礼让达尔文看起来冷酷无情。但达尔文并非无情，他的感情深沉而阴郁。只是除了对埃玛的爱和依赖，他还有一种自我保护的强烈本能。他现在像藤壶一样把自己关了起来。

18

父亲去世三年后，安妮去世，这是达尔文长期而静默地远离精神世界和宗教信仰的人生中的一个重要时期。他两次避开葬礼，让他人来念悼词，这不仅仅是因为他身体不适、情绪低沉，觉得自己无法站在棺材旁，似乎也是因为他考虑到圣公会的葬礼仪式和再生保证虚假无比、毫无意义。几年后，两位激进的哲学家曾恳求与他一起参加伦敦的自由思想者大会，他们也欣然受邀与达尔文一起共进午餐。达尔文告诉他们："我直到 40 岁才放弃基督教信仰。"他的 40 岁生日刚好介于父亲之死和安妮之死中间。

达尔文放弃传统宗教信仰的原因是什么？他最终对无神论唯物主义的信仰又有多深？这些问题非常复杂。他冷冷地对那两位自由思想家说基督教“毫无根据”。他在自传中写道：“我放弃基督信仰的过程非常缓慢，但最终还是放弃了。”事实上，这个过程漫长到达尔文“一点痛苦也感觉不到”，“从那以后，我一秒钟也没有怀疑过自己结论的正确性”。达尔文叛教还有一个原因是他认真研读了哲学和圣经领域的作品，包括休谟、洛克、亚当·斯密、佩利、赫歇尔和约翰·雷的著作，还阅读了詹姆斯·马蒂诺（James Martineau）的《宗教基本原理探究》（*Rationale of Religious Enquiry*）和约翰·阿伯克伦比（John Abercrombie）的《对知识力量和真理的探究和调查》（*Inquiries Concerning the Intellectual Powers and the Investigation of Truth*）。他对弗朗西斯·纽曼（Francis Newman）的著作很感兴趣，纽曼是一位拉丁语教授，他的哥哥约翰·亨利·纽曼[①]后来皈依天主教，最终成为红衣主教纽曼。弗朗西斯·纽曼的信仰与哥哥相反，走向了主张禁欲苦行和怀疑主义的一神论。达尔文读了纽曼的《希伯来王权史》（*History of the Hebrew Monarchy*）——书中质疑并批判了《旧约》的历史性，以及纽曼的自传《信仰的阶段》（*Phases of Faith*）和他的另一本书——《灵魂，悲伤和愿望》（*The Soul, Her Sorrows and Her Aspirations*，副标题为“博物学”，极有煽动性）。受这些书影响，达尔文彻底倾向了实证主义。他拒绝将福

---

① 约翰·亨利·纽曼（John Henry Newman，1801—1890），英国基督教圣公会内部牛津运动领袖，后改奉天主教，升任神父和红衣主教，曾发表《为自己的一生辩护》。

音书作为昭然若揭的真理，否认福音书对异教徒（比如他的父亲和祖父）永恒的惩罚，反对人类灵魂不朽、基督教神学和佩利依据钟表理论对个体存在固有神性的古老论证。特殊创造？神的旨意？神圣设计？达尔文没有从生物地理学和藤壶分类学上发现支持这些观点的证据，也没有从无辜孩童的命运中得到证据。“自然界的一切，”他冷冷地总结道，“都受法则支配。”是否存在某种非人类的最初创造者、某种模糊意义上的至高存在创造了宇宙，让宇宙按照法则机制运行？也许如此。成年后的大部分时间里，包括编写《物种起源》期间，达尔文都倾向于这个观点。后来，“随着人生起伏”，他对此的怀疑程度逐渐加深。人们不可能知道这些。达尔文在自传中称，对他的精神信仰或信仰缺失最佳的描述是“不可知论”。

他在其他著作里说自己只是“搞不懂”这些无法解决的重大问题，尤其讨厌基督教教义或其延伸教义中根本对立的两个矛盾：一是由法则支配的宇宙与介入其中的上帝之间的矛盾，二是全能向善的神与其创造的存在恶与不幸的世界之间的矛盾。

物理法则触犯了神之特权吗？对一些思想家来说的确如此，这种看法不只存在于生物学领域。达尔文知道，就连牛顿的万有引力法则也曾被莱布尼茨抨击为对自然宗教学说的“颠覆”。引力是“超自然的存在”，是不由神定的宇宙参数，错用于解释行星神奇的轨道运行——莱布尼茨抱怨道。理智之人接受了这些批判。没有吗？他们还是更倾向于牛顿的基本法则。那么，人们为什么要在生物多样性和适应性上接受类似的说辞呢？达尔文写道：“我无法相信造物主创造物种时比创造行星时做了更多的干预。”

恶的存在和无辜者遭受的无端痛苦同样困扰着达尔文。他给哈佛大学的朋友，美国植物学家阿萨·格雷（Asa Gray）写信说："其他人能看到神在我们身上留下的设计痕迹和慈悲心，但我不能。在我看来，世上有太多的苦难。比如说，仁慈的上帝为什么会设计姬蜂这种生物，任由它在活毛虫体内产卵，让幼虫吃掉寄主，由内向外孵化出来？上帝为什么会设计猫，让它折磨老鼠取乐？为什么有的孩子天生大脑损伤，像白痴一样生活？"几个月后，他进一步追问格雷："一个无辜的好人站在树下被闪电劈死了。你相信（我很想听到你的见解）上帝注定要杀了这个人吗？很多人，或者说大多数人都这么认为，但我不会这么想，实际上我也不这么想。"达尔文不只是为假想的人和闪电争辩，他也在描述亲身经历：10 岁的女儿死于某种疾病，这昭示了世间的恶意。如果必然存在神的许可，掌控地球万事万物的神却预先决定或允许安妮之死一类的事情发生，那么无论是什么神都无法让达尔文认真对待。

趁安妮的形象犹在眼前，达尔文在安妮死后一周写了一本简短的私人回忆录，记录了她的闪光点、习惯和特点：她在"思想小路"上跳芭蕾，踮起脚尖旋转起舞；她一本正经地保持干净整洁；她热爱弟弟妹妹；她在音乐上颇有天赋；她喜爱字典和地图。达尔文写道，他和埃玛失去了家庭欢乐和晚年慰藉。安妮一定知道他们有多么爱她。"祝福她吧。"达尔文的结语含糊其辞，这一次，他没有再写上帝的名字。

送给达尔文的鸭子

A Duck for Mr. Darwin

1848—1857

见此图标
微信扫码

辅助阅读：达尔文与《物种起源》。

19

1848 年 4 月，达尔文全身心研究藤壶之际，一个名叫阿尔弗雷德·拉塞尔·华莱士的年轻人从利物浦出发，乘船前往巴西。当时二人尚未相识，华莱士和世界上其他人一样，并不知晓达尔文的秘密演变研究。但华莱士并非没有注意到生物演变这一课题。他了解不少博物学知识，并不满意人们对物种多样性、物种分布和物种起源的古老而陈旧的解释。他想要自然神学之外的科学解释。如今，他正要前往热带地区，开启冒险之旅，寻找稀有鸟类、巨型甲虫和绚丽的蝴蝶，这也是一个为他所谓的“动植物的渐进发展理论”贡献新的事实资料——甚至新的深刻见解——的好机会。

为华莱士提供理论知识、激发他探险热情的著作正是《自然创造史的遗迹》，那时这本书已经发行了七版。不同于将《自然创造史的遗迹》视为糟粕的持批判态度的读者，华莱士认为这本书的观点富有煽动性，是挑战传统理论的起点。他从这本书的核心观点中发现了一个巧妙的假说。他总结道，这个假说需要进一步研究，因此他要跳上船前往亚马孙流域。当时他 25 岁，头脑聪明，胸有大志，行事冲动，天性敏感，没有受过任何科学训练。从他的人生经历中，我们会发现他还坚持不懈，善于观察，坚忍不拔。

阿尔弗雷德·华莱士比查尔斯·达尔文小 14 岁，他们的人生迥然不同：华莱士出身一般，没有家族财富可以继承；没上过大学，也没有接受过圣公会博物学家的指导；从未和任何英国海军人士有过交集，没有机会作为享受优待的客人登上皇家船舰周游世界。华莱士在家中九个孩子中排行第八，他的父母虽然属于中产阶级，但收入达不到中产阶级的水平。华莱士的父亲接受过律师训练，但他不愿从事法律工作，对投资也一窍不通，因此很快就家道中落。抚养费花光后，华莱士只得在 14 岁时辍学，去做测量员学徒。接下来的 10 年里，华莱士大多数时间都在测绘英格兰和威尔士的铁路线和房产边界，住在客栈或短租公寓里，有时也会租一间小屋。与此同时，他还在技工学院（为劳动者进行自我提升而设的场所）和公共图书馆弥补缺失的教育。他一向热爱阅读。作为一名年轻的土地测量员，华莱士好奇心旺盛，不愿在酒吧消磨夜晚时光，所以选择到技工学院和图书馆开阔眼界。他读了亚历山大·冯·洪堡[①]在南美洲的旅行故事（这些故事也曾启发过达尔文）、威廉·普雷斯科特[②]的《秘鲁征服史》（*History of the Conquest of Peru*）、莱伊尔的《地质学原理》、威廉·斯温森[③]的《论地理与动物分类》（*A Treatise on the Geography and Classification of Animals*，描述了麦克利的五元论）和约翰·林德利[④]的《植物学要素》（*Elements of Botany*）。达尔文的《考察日记》让华莱士心潮澎湃，他把这本书读了两遍，觉得作为一本

---

① 亚历山大·冯·洪堡（Alexander von Humboldt，1769—1859），德国科学家，与李特尔同为近代地理学的主要创建者，首创等温线、等压线概念，曾对南美洲的气候、动植物、地形地貌等进行了考察，著有《新大陆热带地区旅行记》。

② 威廉·普雷斯科特（William Prescott，1796—1859），美国历史学家，主要作品有《墨西哥征服史》《秘鲁征服史》，被誉为“美国第一位科学史学家”。

③ 威廉·斯温森（William Swainson，1789—1855），英国鸟类学家、软体动物学家、贝类学家、昆虫学家和艺术家。

④ 约翰·林德利（John Lindley，1799—1865），英国植物学家、真菌学家、苔藓学家，皇家奖章获得者，曾参与撰写《植物大百科全书》。

旅行记事书，这本著作饶有科学趣味，仅次于洪堡的作品。他还读了 W. H. 爱德华兹[1]的新书《亚马孙河上的航行》（*A Voyage up the River Amazon*），这本书读起来轻松愉快。马尔萨斯的书他也有涉猎。

与此同时，他喜欢上了户外运动，徒步穿越威尔士山脉，致力于自学成为一名博物学家。他起初努力钻研植物学，在一位新朋友的影响下才转而研究甲虫。这位朋友名叫亨利·沃尔特·贝茨，是一名织袜厂学徒，但他和华莱士一样热爱旅行，热衷于研究博物学。那一年，他们在莱斯特郡（Leicester）相遇，当时华莱士暂停了测量工作转而在莱斯特当教师。看到贝茨的甲虫收藏——像珠宝一样闪闪发光，种类异常丰富，而且几乎都是在莱斯特附近发现的——华莱士立刻对这些甲虫入了迷。他买了收集瓶、别针和甲虫箱，花了宝贵的几先令买了一本《英国鞘翅目昆虫手册》（*Manual of British Coleoptera*）。贝茨教他去哪里找甲虫，也教他如何识别甲虫。学完后，华莱士回到了威尔士，但他和贝茨依然保持着联系，分享对科学著作的想法，交换稀有的英国甲虫标本。他在一封信里问贝茨是否读过《自然创造史的遗迹》，是否读过威廉·劳伦斯（William Lawrence）的比较解剖学讲义。劳伦斯是一名激进的唯物主义者，在伦敦教授解剖学，在罗伯特·格兰特任教前就产生过颠覆性的影响。华莱士发现劳伦斯的书“非常有哲理”，逻辑严密，方法科学，内容可靠。华莱士告诉贝茨，书中对人类不同种族的讨论与他的研究兴趣——渐进发

---

① W. H. 爱德华兹（W. H. Edwards，1822—1909），美国商人，昆虫学家，专门研究蝴蝶的博物学家，著有三卷本《北美蝴蝶》。

展理论——直接相关。他在信中透露，他早就怀疑物种和变种之间的区别是否真的像大多数人认为的那样明显和绝对。

差不多同一时间，贝茨大概为了甲虫事务正在威尔士探访华莱士，他们构想了一个更大胆的旅行计划。他们要一起去亚马孙，通过将博物学标本运回英国出售给业余收藏家来支付旅行费用。这个想法听起来不切实际，但事实并非如此：在华莱士的那个时代，一些有地位的人把收藏小型生物纪念品当作业余爱好，还会把藏品陈列出来以供参观，他们同那些炫耀法国绘画、中国瓷器或本土艺术品的人别无二致。华莱士和贝茨找了一位名叫塞缪尔·史蒂文斯[①]的伦敦销售代理，他对甲虫和蝴蝶的零售贸易了如指掌。他们配备了枪支、渔网等野外装备，搞到了几封介绍信，华莱士还接种了疫苗。1848 年 5 月 28 日，贝茨和华莱士二人抵达亚马孙河口附近的巴西港口帕拉（Pará）。

他们不知道这只科学之鸟究竟要飞往何处，也不知道它要飞行多久。华莱士曾告诉塞缪尔·史蒂文斯，他希望在 1850 年的圣诞节前回到英国。然而，他在亚马孙河流域游走了整整 4 年，而贝茨则在那里待了 11 年。

他们在亚马孙河口附近并肩收集了几个月的标本，之后，为了遵循各人不同的直觉，也为了减少竞争，他们分开行动。华莱士前往上游，努力学习葡萄牙语和印第安人的商业用语，射杀鸟类并剥皮，保护鸟皮不受丛林腐病和贪吃的蚂蚁的影响。除了收集华丽绚烂的蝴蝶和闪闪发光的甲虫，他也抓鱼，并将鱼放在酒

① 塞缪尔·史蒂文斯（Samuel Stevens，1817—1899），英国博物学家，昆虫学爱好者，1848 年到 1867 年在伦敦布卢姆斯伯里街 24 号的商店里经营一家自然博物馆，他最著名的两个客户是华莱士和贝茨。

精中保存。他小心翼翼地把不同的标本装进板条箱，附加一些其他物品（一只小凯门鳄、一对印第安葫芦）运往英国。他给收集的标本和周边风景做了笔记和素描，还绘制了地图。华莱士对万事万物心存好奇，对人类文化好奇，对热带植物和有收藏价值的动物也好奇。他做了一些人类学观察记录，研究了棕榈树的多样性和实际用途。最后，他追溯了亚马孙河的巨大支流——内格罗河（Rio Negro），两年中的大部分时间里都在驾舟探索内格罗河的上游。

华莱士以内格罗河的一条支流为起点，开始徒步旅行，前往从森林中拔地而起的大山——塞拉杜科巴蒂（Serra do Cobati），寻找一种被称为 o galo-da-serra 的生物，即“动冠伞鸟”[①]。这种鸟外形奇特，除了翅羽和尾羽，全身鲜红，头顶圆盘状的冠遮住了脸，值得人们跋涉数十英里，一窥其貌。现在已知的有两种动冠伞鸟。华莱士见到的是圭亚那动冠伞鸟，只生活在哥伦比亚东部、委内瑞拉和巴西北部丛林中裸露的侵蚀岩面上，雌鸟会把巢筑在陡峭的岩石缝中。雌鸟和雄鸟都以水果为食；雄鸟发情期会聚集在被称为“领地”的求偶展示区，展开竞争，轮流展示生理魅力，争夺雌性。华莱士在一片昏暗的树丛里发现了一只圭亚那动冠伞鸟，这只鸟“像明亮的火焰一样闪耀”。他举起枪，结果鸟儿受惊飞走了，但他跟着追了一会儿，抓住第二次机会射杀了它。在印第安猎人的帮助下，他最终抓到了 12 只动冠伞鸟。他

① 动冠伞鸟（cock-of-the-rock），南美洲两种色泽艳丽的鸟的统称，通常归入雀形目伞鸟科，但有时单列为动冠伞鸟科。动冠伞鸟共有两个种群，分别是学名“Rupicola peruvianus”的安第斯动冠伞鸟（秘鲁的国鸟）和学名“Rupicola rupicola”的圭亚那动冠伞鸟。

能捕获这么多猎物，也许得益于这些鸟会在繁殖期聚集在求偶场地炫耀自己，对捕杀毫无招架之力。

他把这 12 只鸟装进一个小盒子运回英国，人们可以从这 12 只鸟身上看出华莱士收集生涯（包括在亚马孙的收集和后来的收集）的一个关键特点：重复采样。也就是说，他想要收集尽量多的生物，而不是尽量多的物种。华莱士要通过卖标本赚取旅费，而圭亚那动冠伞鸟标本的装饰性极高，因此他尽可能多地捕了几只。相比之下，达尔文作为富家子弟，可能只会根据自己的需求采集一两只。华莱士原本希望能捕获 50 只动冠伞鸟，最后只捕到 12 只，但他也很高兴。

华莱士把这些鸟并排放在一起时，有没有注意到种内变异？他有没有发现并不是每一只鸟都和其他鸟一样鲜红？他有没有发现有些鸟更偏橘红？他有没有发现头顶鸟冠的直径和尾巴上的黄色细带在宽度上的差异？他有没有从这些差异中认识到对单一物种多次采样并非是一件多余的事情，反而能获得变异的信息？我们不得而知，华莱士也从未讲过这些，但我们依然可以猜想：当时大多数博物学家并没有注意到物种内部自然产生的大量变异是解开演变之谜的重要线索。达尔文经过 5 年旅行、10 年研究和 8 年藤壶研究才意识到野外变异。而华莱士观察敏锐，是一名雄心勃勃、一文不名的标本收藏商人，因此很快发现了这一点。

这并不是说华莱士轻易地就掌握了变异原理、获得了各种资料，相反，他为此付出了高昂的代价。他亲身前往亚马孙，在残酷的热带森林备受折磨，除了进行纯粹的劳动，他还要忍受孤独，谨防溺水，冒着被谋杀和被蛇咬的风险，忍受有害蚊虫和白蛉的叮咬，承受招募助手和寻求供给导致的延误和沮丧情绪，设法应对史蒂文斯信用证到达前的现金短缺，每天只能以树薯粉与咖啡饱腹，不断整合标本采集和个人想法间的冲突。由于手部伤口感染，他的手臂用绷带吊了整整两个星期，无法工作。他的弟弟赫伯特（Herbert）曾到他身边学习标本收集，但赫伯特并不适合这项工作，后来撤回到帕拉，死于黄热病。华莱士本人也曾多次发烧，原因不明，卧床不起。他深入沃佩斯河（Rio Uaupés，位于哥伦比亚东部）源头，希望能捕获传说中的一种黑鸟的白色异种——伞形鸫鹛（the umbrella chatterer），但最后迫于无奈，只得总结道：白色异种可能并不存在。1852 年初，也许因为疲惫，也许因为心满意足，他坐着一只独木舟从内格罗河顺流而下，满载而归。

他带了 6 箱标本亟待运出，还有所有的日志、笔记和图纸，此外他还带了一群动物——5 只猴子、2 只金刚鹦鹉、20 只鹦鹉和长尾鹦鹉，以及一些其他鸟类，希望能把它们活着交给英格兰动物园。6 月底，华莱士到达帕拉——四年前他的旅行从这里开始，现在也在这里结束。此外，他还去了赫伯特的坟墓。7 月 12 日，他登上了双桅横帆船“海伦”号（*the Helen*）前往英国。

“海伦”号命运多舛。起航三周后，这艘船还在大西洋中部，突然间，船着火了。货舱里有一堆易燃危险物——几桶香脂——突然冒起火，让船长大吃一惊。华莱士跌跌撞撞地走进烟雾缭绕的船舱，把文件扔进一个铁盒子里，尽可能地带走了能拿到的东西。他的亚马孙宝贝中，只保存下来一小捆图画和部分笔记。迫于无奈，他只得放弃标本箱，箱子里有他私人收集的昆虫和鸟类，还有大部分书面记录。他和其他幸存者爬上了一艘漏水的救生艇，看着“海伦”号被烧毁，带着他烧焦的日记和烤熟的鹦鹉一并沉入海底。四年的收获化为焦灰，渐渐远去。

华莱士和同伴们在开敞式救生艇上待了十天，用软木塞修补漏洞，靠饼干、生猪肉和胡萝卜充饥。一艘英国轮船救了他们，然而，这艘船几乎受到和“海伦”号一样的摧残。这艘船叫“乔德森”号（*the Jordeson*），是一艘旧船，航行速度慢，他们到家前，“乔德森”号两次在公海上濒临沉没。船上有两名船员，食物不足，船舱里堆满了古巴硬木。在离英国不远的地方，他们遭遇了大风，船帆被刮裂了，船底的抽水机差点停止运转。离开巴西近三个月后，华莱士在英格兰东南部的迪尔（Deal）一瘸一拐地上岸了。他的脚踝肿了，腿也软了。他与“海伦”号和“乔德森”号的船长们一起享用了牛排和李子馅饼，他们心情愉快，庆幸自己还活着，之后，他们想必愉快地道别了。

华莱士去了伦敦。缺乏勇气或者不够顽强之人会把这一切当作人生不幸，再也不想出海体验，但华莱士不是这样的人。四天后，他向朋友承认，虽然他发誓再也不航海了，但“下定的决心很快就烟消云散了”。他早就已经在计划下一次远行。他还没有找到解决物种变异之谜——动植物渐进发展之谜的途径。他比以往任何时候都相信这种渐进发展的真实性，而且能够用某种物理过程或法则加以解释。他想要一个新的场所收集和观察标本。他也许会去安第斯山脉（the Andes），也可能去菲律宾。他已经在世界大河亚马孙河探过险，如今可能会考虑前往山脉或者岛屿。

20

尽管华莱士遭遇厄运，九死一生，蒙受了损失，为期四年的亚马孙之旅依然让他获得了重要回报。这是他第二次当学徒，这次他要学的不是如何做一名测量员，他要在这次探险中学习如何成为一名热带探险家、物种收集专家和标本保存专家，培养对动物多样性和生物特征的敏锐的观察力。这段经历让他开始意识到种内变异的重要性，进一步激发了他对渐进发展的思考，他也因此成了一名生物地理学家。

依前文所述，生物地理学是一门研究地球上动植物分布的学科。这门学科旨在解决两个简单的问题：哪种生物生活在哪里，以及它们为什么生活在那里而不是其他地方。这门学科对生物起源理论——比如进化论和神创论——的意义在于所有起源理论都必须把生物地理学中复杂的实证事实解释清楚。为什么加拉帕戈斯群岛上会有三种本土嘲鸫，它们亲缘相近，但其中没有两种属于同一个岛屿？为什么北极熊生活在北极，企鹅生活在南极，而不是反过来？为什么树袋鼠（树栖有袋动物属）栖息在澳大利亚东北部和新几内亚的热带森林，而不是生活在南美洲或非洲的热带森林？为什么蜂鸟和巨嘴鸟（toucan）只出现在美洲大西洋沿岸，而太阳鸟（sunbird）和犀鸟（hornbill）只出现在大西洋另一沿岸（非洲和更远的东方）？一种推测是上帝专门创造了每一个物种，而后心血来潮似的把它们放到了不同的生态系统中。尽管一些信教的人认为这个解释完全说得通，但理智之人并不能完全接受这个说法。另一种解释是所有生物都由共同的祖先进化而来，慢慢分化成不同的谱系和物种，尽管物种的分布常会受到山脉或海洋一类的物理屏障的阻碍，但它们仍然在某种机遇之下分布到新的栖息地，当前物种的地理分布反映了它们分化、受限和分散的历史。达尔文在游历过加拉帕戈斯群岛和南美洲平原之后认可了这个解释，而华莱士则是通过亚马孙流域的探险赞同了这个说法。

华莱士乘坐“海伦”号时历经不幸，大量标本化为灰烬，但他的代理人仿佛象征吉祥的凤凰，为他带来了好消息：代理人塞缪尔·史蒂文斯行事可靠，早已为这些收藏品投保200英镑。这可能是因为史蒂文斯有先见之明，也可能是因为他自己曾经当过水手或者看过《威尼斯商人》（*The Merchant of Venice*）。不管怎样，这些钱让阿尔弗雷德·华莱士无须被迫回到威尔士乡村测量铁路线，可以像伦敦城里人一样社交、生活，成为伦敦某个科学团体的一员，撰写论文、出书。

华莱士参加了伦敦昆虫学会的各种会议，其中一次在刚下船不久，他还几乎不能走路时就出席了。他并非作为会员出席会议（当时人们对商业收藏家仍有阶层偏见），而是作为史蒂文斯赞助的访客参与其中。如同15年前约翰·亨斯洛引荐达尔文一般，史蒂文斯通过摘录发表华莱士的信件和展示他运送归国的标本，让华莱士在昆虫学会中名声大噪。达尔文本人也是伦敦昆虫学会的成员，但他隐居达温，很少参加学会会议。凡是参加会议的人都看过华莱士收集的黑黄相间的燕尾蝶（Papilio columbus），可能还读过他发表在《博物学年鉴》（*Annals and Magazine of Natural History*）上的伞鸟报告。史蒂文斯还把华莱士引荐到了皇家动物学会。1852 年 12 月 14 日，华莱士在皇家动物学会发表了论文《亚马孙猴子研究》(*On the Monkeys of the Amazon*)。

这篇论文陈述了华莱士在生物地理学上的首个重要观点。他在亚马孙河和内格罗河沿岸看到了 21 种不同的猴子，注意到了一件不同寻常的事：每条大河干流一侧的物种都不同于另一侧的物种。他称之为“近缘物种”，比如同一属下的两种狨猴(marmoset)在某些情况下会分别分布在河两岸。这些河流——亚马孙河及其最大的支流内格罗河和马代拉河（the Madeira)，在整个流域形成了一个巨大的鸡爪形图案——似乎形成了几乎无法逾越的物种分布边界。华莱士将亚马孙河以北和内格罗河以东的某个生物地理区域称为圭亚那，内格罗河以西是厄瓜多尔。华莱士在亚马孙河以南和马代拉河流域划分了两个地区，分别称之为秘鲁和巴西。在猴子眼中，亚马孙河流域的四个主要地区或许就像被大片河流分割开来的岛屿一样。

21

岛屿，也许能提供更多信息；生物地理学，也许应该多加留意；近缘物种，它们的地理分布模式说明了什么？华莱士带着这些想法规划了下一次野外旅行。他努力经营与各个科学学会（包括皇家地理学会在内）成员的关系，以便获得更多的介绍信和免费乘船出境的机会。回到英国的一年半里，他出版了两本书：一本介绍棕榈树的小书和一本《亚马孙河和内格罗河旅行日志》(*A Narrative of Travels on the Amazon and Rio Negro*)。因日记遗失海底，《亚马孙河和内格罗河旅行日志》中没有充足的具体细节，两本书也都反响平平。随后他整装待发。这一次，华莱士选择去东方探险。1854 年初，他乘坐一艘半岛东方轮船公司的蒸汽船启程，经联运在 4 月底抵达新加坡。

新加坡是一个繁忙的国际港口，周边只有一小片森林，因此对华莱士而言，这里只适合短暂停留。新加坡的优点可能在于它坐落在一个岛屿上，但这个岛屿的位置并不偏远，早就被人探索开发过，岛上也没有那么多奇妙的未知物种。新加坡是世界交通的十字路口。此外，中国伐木工人正在这里砍伐森林，开垦土地，砍伐木材，种植蔬菜。华莱士根据伐木工的足迹发现了大量漂亮的昆虫，其中甲虫居多，鸟类和哺乳动物很少。他曾尝试以位于马来半岛、新加坡以北的马六甲为基地展开活动，但他在此地又一次发烧，原因不明，两个月后，他想再次迁居。他曾考虑和途中结交的法国耶稣会传教士——此人会说四门语言—— 一起去柬埔寨。但这名耶稣会传教士行程耽搁了，华莱士便把注意力转向了大大小小的岛屿。这些岛屿向东延伸至新加坡和新几内亚之间，绵延近 2000 英里，对华莱士吸引力巨大。这个地区大致相当于现在的印度尼西亚，当时称为马来群岛（Malay Archipelago）。

其中最大的岛屿是婆罗洲，位于群岛的正东，南面是爪哇岛。除了这两个岛，这里还有巴厘岛、龙目岛（Lombok）、西里伯斯岛（Celebes）、安汶岛（Ambon）、弗洛勒斯岛（Flores）、帝汶岛、科莫多岛、塞兰岛（Ceram）等上千个岛屿；群岛东端还有一堆小岛——阿鲁群岛（Aru），以数量丰富的天堂鸟闻名于世。华莱士早已开始学习马来语，这样一来，群岛远行变得更为可行。他从达尔文的《考察日记》和其他资料中了解到，岛屿上可能有非常丰富的本土物种。如果岛屿上有丰富的物种，岛屿四周有阻止物种分布扩散的海水屏障，那么这些物种也会呈现出显著的生物地理模式，也就是说，这里蕴藏了丰富的提示性信息。华莱士搭船去了婆罗洲，机缘巧合之下，他在婆罗洲受到了最高级别的欢迎。

婆罗洲北部海岸有一个奇怪的独立王国，名为沙捞越（Sarawak），由一个名叫詹姆斯·布鲁克（James Brooke）的英国海盗统治，人们称他为“白人王公”（White Rajah）。布鲁克曾与华莱士在英格兰相遇，对他赞赏有加，并曾表示如果华莱士到访沙捞越，定会受到热情招待。华莱士在布鲁克的祝福下踏上了沙捞越王国土地，安顿在沙捞越河口附近的一所小房子里。布鲁克的个人领地在上游更远处，所以除了一个马来厨师，华莱士又是独自一人了。此时已是1855年初，正值雨季，天天下雨，收集工作因此受到阻碍，甚至无法进行。随季风而来的倾盆大雨冲刷着热带森林，蝴蝶和鸟儿在暗中觅食，甲虫爬行在隐秘之处，人们几乎什么都看不见，更不用说循其踪迹走路撒网，把精美的生物放进干燥的罐子里了。华莱士待在家里，无法进行实地调查，因此他决定趁机再写一篇论文。这篇文章的主题比他研究亚马孙猴子的文章更宏大，他之前发表的关于昆虫和鱼类的描述性小报告自然也无法与之相提并论。这篇文章即《关于新物种引进的控制法则》（*On the Law Which Has Regulated the Introduction of New Species*）。

华莱士正在思索演变理论，但他也不清楚自己有多了解这个问题。有证据表明，他打算写一本以物种演变为主题的书，计划称之为《变化的有机法则》（*On the Organic Law of Change*），并且他已经开始记录笔记了。华莱士似乎已经意识到，至少在直觉上认为写这本书为时尚早，他这段时间只考虑《关于新物种引进的控制法则》这篇简短的论文，后来他认为这篇文章“只是他的理论的公告”。事实上，因为华莱士还没有要公布的理论，所以这篇文章甚至连一篇公告也称不上。准确来讲，这篇论文只是一个提示，指出了世上存在演变现象，而该现象必须辅以必要的理论加以阐释。他仍然无法理解演变理论。但华莱士与达尔文不同，即使他的理论还在酝酿中，他也仍然渴望将这些激动人心的想法出版出来。

更令人困惑的是，他使用的某些术语含义模糊，最终导致某些读者（包括达尔文在内）误解了他的意思。首先，论文标题中提到的新物种“引进”模棱两可，似是而非，似乎暗示了某种神圣引入者的存在。他也写到新物种由早期物种改变而来。他用“相反类型”（antitype）这一术语指代生物祖先，尽管他可能仅仅指的是“原型”（antetype）——原始出现的类型，但“相反类型”暗示的是一种对比型或对立型（anti-作前缀意为“相反”）。他提出的“法则”没有指明因果机制，实际上只能算作一种概括性描述。

尽管如此，华莱士依旧认为此法则成立且有用。他吹嘘这个法则“可以解释说明”谜一般的生物地理学模式和灭绝物种的地层记录。他指出，自林奈以来，奇怪之事屡见不鲜，堆积成山，但没有人能对此作出合理解释，因此对生物地理学加以阐释意义非凡。例如：“加拉帕戈斯群岛上存在一些特有的动植物，这些动植物从未出现在其他地方，却与南美洲的动植物亲缘最为相近。迄今为止，人们还没有解释过这些现象。”这些话是在委婉地讽刺达尔文，他是最著名的加拉帕戈斯群岛旅行者，但《考察日记》只描述了他的观察记录，没有提供任何理论。华莱士没有意识到达尔文有所保留，也没有意识到达尔文已在酝酿对这些现象的解释，只是一拖再拖，没有及时出版而已。华莱士不可能想到自己戳到了达尔文的痛点。

不管怎样，根据华莱士的说法，他的法则通过为物种分类提供自然依据解决了系统分类的问题。这个法则融合了查尔斯·莱伊尔的地质渐变思想和化石记录的走向，还解释了残迹器官。华莱士正值青年，措辞得体，振臂高呼，他是一颗博物学界的新星，生活在世界的另一端，渴望告诉那些受过良好教育、人脉更广的前辈，他揭示了生命史上的重大发现。他在文中两次陈述自己的法则，一次在论文开头，一次在论文结尾，两次都用斜体字标出，防止人们漏读："从时空上来讲，每个物种的产生都恰好与早已存在的近缘物种相一致。"（Every species has come into existence coincident both in space and time with a pre-existing closely allied species.）

他所说的"产生"到底是什么意思？"恰好"一词含义模糊，意在何处？"近缘物种"应理解为生物谱系上的相关物种吗？华莱士并没有说明这些。如果物种的确是从无到有，那么它们是依据唯物主义演变论形成的还是依据神创论诞生的？华莱士已经在脑海里想清楚了答案，但他的书面表达让人一头雾水。如果他真的意指演变，那演变机制是什么？显然他现在还不清楚。

但这无关紧要，现在还只是开始。他把新作的手稿寄给塞缪尔·史蒂文斯，托他转交给《博物学年鉴》的一位编辑，这本刊物也收录过他的亚马孙实地报告。之后，他又回到了工作状态。

天气不错时，华莱士会去收集标本，晚上捕捉甲虫和蝴蝶；天气不佳时，他会读书思考。婆罗洲北部的雨依然绵延不绝。

22

此时，华莱士对达尔文先生了解尚浅。尽管他们真的见过彼此，但那只是匆匆一面——在华莱士动身前往新加坡的前几个月，他们在大英博物馆有过一面之缘，但那次会面对两人来说都无足轻重。在达尔文看来，华莱士不过是一个初出茅庐的年轻旅行者和商业收藏家而已，他的《亚马孙河和内格罗河旅行日志》在事实细节上经不住推敲，无法打动达尔文圈子里的严肃博物学家。而在华莱士看来，达尔文不过是《考察日记》——一本对航海历险和博物学叙述扎实的传统书籍的作者罢了。他没有理由怀疑达尔文是个像他一样的生物演变论者，而且他对藤壶分类学也不感兴趣。华莱士在偏远的热带荒野进行了为期 4 年的考察，有时甚至要处理比达尔文历险时还要严峻的情况，他可能早已失去了对达尔文——在他眼里曾与亚历山大·冯·洪堡相提并论的人——的敬畏之心。那次会面——至少在一段时间内——毫无下文。

1854 年初秋，达尔文终于结束了看似遥遥无期的藤壶研究。差不多同一时间，华莱士决定离开新加坡前往婆罗洲。达尔文在日记中语气沮丧地抱怨道，藤壶研究项目花费了他将近 8 年时间。四卷蔓足亚纲著作的最后一卷要到几周后才出版，但在 9 月 9 日他就把标本打包好了。他早就受够了需要眯着眼进行的解剖、费力劳心的绘图、显微镜下藤壶抖动的蔓足和阴茎。他迫切地渴望开展下一项研究。根据另一份日记，同一天，达尔文“开始整理物种理论的笔记”。

这些笔记就在桌子中央。他已经花了16年思索物种演变，不断完善自然选择学说，阅读生物学文献发掘相关事实，思考收集到的关于野外适应性和变异的资料数据，提炼1842年完成的大纲和1844年拟好的草稿中的论点。在此期间，他生了九个孩子，其中两个不幸过世，大儿子去了寄宿学校。他出版了八本书（不包括由他编辑的《“小猎犬”号的动物学》），其中七本是专业书籍，一本是人们喜闻乐道的旅行纪事。他成了一名擅长处理棘手动物群体分类的专家，在专业知识上得到了重要奖项的表彰认可。他曾经担心“唯有详细绘制过许多物种的人才有权审视与物种有关的问题”，现在他已经得到了这种权力。那么，是时候把物种理论公之于众了吗？不，还不是时候，达尔文还没有准备好。

他开始做进一步的实证研究，填补证据中的一些空白。他成了一名实验主义者，房间和院子里总是堆着乱七八糟的科学项目，散发着难闻的气味，但这些项目简单精巧，能提供有用的数据资料。他利用广泛的人脉问询一些晦涩的问题。他开始养鸽子。接下来的两年，他主要研究了家畜的解剖与发育、植物杂交、植物授精、植物分类中表现出的物种多样性模态和植物跨洋扩散的能力。

达尔文想知道，卷心菜种子最长能在盐水中浸泡多久？萝卜种子可以泡多久？胡萝卜种子呢？芸豆呢？豌豆呢？他很好奇所谓的植物物种“偶然的传播方式”——这种方式可能需要种子、豆荚或携带种子的茎被动地漂浮跨越广阔的大洋。因此，他测试了一大堆蔬菜和植物的耐盐力，如大黄、芦笋、芹菜、西洋菜、辣椒、荆豆、大麦等。他调制了一种类似海水的盐溶液，将这种溶液倒进瓶子里，再把种子撒进去，这就和种子掉到海里一样了。然后，他让这些种子漂在盐水上或者把它们沉下去浸泡一段时间。达尔文从一系列实验中得到几点认识：绿色多汁的芦笋可以漂浮 23 天，而风干后的芦笋可以漂浮 85 天，并且种子依然存活；卷心菜种子和萝卜种子浸泡后会“极度”腐烂并发出恶臭，但萝卜种子在浸泡 42 天后依然能够发芽，卷心菜种子却不能发芽；水芹种子会分泌出“一种美妙的黏液”，经过 42 天的浸泡也会发芽。考虑到洋流的平均速度，达尔文经过计算得出 42 天足够让漂浮在海面上的种子或豆荚跨越 1300 英里。测试中的其他物种大多数在浸泡 28 天后至少能发出几颗芽。从这些实验中，达尔文得出了一个与生物地理学相关的结论：植物的确有跨越海洋的能力。人们不需要借助已沉入海底、历史久远的大陆桥——正如他的一些同事所想——也不需要用上帝的安排来解释新诞生的火山岛上植被的由来。

种子漂浮不是植物跨越水域大量繁殖的唯一方式。有的种子长有“翅膀”；有的小种子带着降落伞，可以随风飘动，比如蒲公英的种子；有的种子可能借助鸟类——甚至是死鸟——传播。种子可能会粘在苍鹭或白鹭腿上的泥里，随着冲洗散落到新的地方。达尔文 8 岁的儿子弗朗西斯，提出了有关死鸟——比如惨遭老鹰伤害的鸟、被闪电击中的鸟或者中风的鸟——的建议，这个想法带着一点男孩子气，有些血腥，达尔文听到这个想法后马上实验了起来。他把一只死鸽子放在盐水中漂浮了 30 天，这只鸽子身上携带的种子依然能够发芽。

另一个与鸟类有关的实验涉及小型动物，比如蜗牛，能否附在鸟类身上迁徙。达尔文切下一对鸭掌，悬在满是淡水蜗牛的鱼缸里。如果鸭子在水面上睡着了，脚掌悬浮着，会有多少蜗牛爬上去？鸭子飞走的时候，这些蜗牛会紧紧抓住鸭掌不放吗？达尔文悬空挥舞着鸭掌。蜗牛离开水能存活多久？他困了这些蜗牛一整晚。研究结果表明，淡水蜗牛在搭乘鸭掌航行 600 英里后依然可以生存下来。

达尔文对蜥蜴的蛋也很好奇。这些蛋会漂在海水上吗？能漂多久？如果漂了一个月左右，还能孵化出来吗？每找到半打蜥蜴蛋，蛇蛋也可以，他就付给学生一先令。他把这些蛋放在地窖里。这一切都与物种演变相关，种子浸泡实验也与物种演变相关，因为自然分布是发生演变的潜在的必要条件。如果世上不存在神的创造，那么世上也不会存在特殊的传播。从演化论者的角度来看，生物地理学反映了物种诞生于另一个物种，而后不断适应环境、不断迁移的事实。除此之外，达尔文还需要证明植物和动物能够分散多远。

他还想获得不同家畜的变种，尤其是胚胎和幼畜的测量数据，以便了解家畜变种在生长发育过程中产生的形态差异如何反映了它们从共同祖先演变的进化趋异。他告诉朋友，他们的宠物或牲畜死掉时可一定要记得他对死物的兴趣。达尔文在给福克斯的信中向他讨要一只一周大的鸡和一只雏鸽，他打算借此得到鸡和鸽子的骨骼标本。他平淡地对福克斯说，自己早就开始研究比较野鸭和家鸭了。达尔文会杀死获得的活鸟，把尸体煮熟变软，剥去皮肉，整个过程臭气熏天，常常使他呕吐——不光达尔文脆弱的胃受不了，全职管家帕斯洛也受不了。所以，他将这个过程的工作外包了出去。至于哺乳动物，他高兴地说："我用盐腌了几只斗牛犬和灰狗幼犬。"他还委托人仔细测量小马驹的数据，既测量赛马马驹又测量挽马马驹。只要条件允许，达尔文就会收集标准年龄段的幼畜生长数据，以保证对比结果可靠有效；对于鸟类，他尽量在雏鸟破壳后七天就拿来研究。但达尔文并不是总能轻易地发现某些物种和品种的幼体。他问道：有没有人知道怎么抓到一只七天大的野鸭？

为解决获取鸽子的难题，达尔文在后院的鸟舍开展了短期育种作业。他爱养品种珍奇的鸽子，比如球胸鸽、孔雀鸽、翻头鸽、英国加利亚鸽子等，这些品种具有华丽的外形和夸张的行为，由痴迷鸽子、自豪骄傲的鸽子迷们经过数百年的选择性培育而来。培育珍奇鸽种不是一种需要投入大量金钱的业余爱好。有些鸽子迷是工人，他们在伦敦屋顶的笼子里养鸟喂鸟，在当地酒吧谈论鸽子在颜色、鸟喙、肉冠眼和羽毛装饰上的微妙之处。作为一名实验主义者，达尔文冷漠地开始了研究，但随后他发现自己迷上了鸽子，爱上了鸽子圈的亚文化。他研究饲养人手册，与有关专家通信，阅读《家禽年鉴》(*Poultry Chronicle*)，为买鸽子跑去伦敦短途旅行，甚至参加了两个当地的鸽子爱好者俱乐部。达尔文对鸽子最为着迷的时候养了 16 种不同的鸽子。他对儿子威廉（住在寄宿学校的那个儿子）说："我养鸽子大获成功。"他又往笼子里加了一些花哨鸽、荷兰壳牌鸽、浮羽鸽及一对小巧的德国球胸鸽，这对球胸鸽是一位伦敦酿酒师赠送给他的。夏天时，达尔文向威廉袒露心声，他期待放飞自己的翻头鸽。这些鸽子对内心冷漠、科学见解犀利的达尔文来说是多么重要啊。

1855 年末，达尔文起草了一封正式信函作为请求信，打算寄给海外的联络人和熟人。这封信的标题点明了达尔文的需求，正文措辞仿佛一份分类广告。标题是“兽皮”，正文开头如下：“任何品种的家禽、家鸽、家兔、家猫，甚至家犬的毛皮，只要个头不太大，都可以。在人迹稀少的地区经过几代人培育的家畜非常重要。”他在请求各位朋友帮他一个大忙——寄一些标本。除了带有羽毛或毛皮的兽皮外，达尔文还想要家畜肱骨和股骨，头盖骨数量也越多越好，最好所有的头盖骨都还由肌腱连接着。“在人迹稀少的地区”“经过几代人培育的家畜”的标本对达尔文研究特定种群中的个体变化不可或缺。达尔文意识到，变异这一重要的现象经常发生在野生物种和家畜中，但是变异因何产生？这真是个大问题。达尔文并不知道答案。他认为，变异可能源自外部环境的差异。因此，他希望看到饲养在波斯、牙买加或突尼斯等异国他乡的家养动物可能会有的变化。他乐意支付运费和剥皮的费用。

达尔文列了一张名单，上面写了会收到请求书的人的名字。单子上有詹姆斯·布鲁克（James Brooke，在沙捞越）、约翰·C. 包令爵士（Sir John C. Bowring，时任香港总督）、罗伯特·尚伯克爵士（Robert Schomburgk，圭亚那探险家，后任英国驻圣多明各领事）、植物学家 G. H. K. 思韦茨（G. H. K. Thwaites，斯里兰卡）、E. L. 莱亚德（E. L. Layard，开普敦博物馆馆长）和爱德华·布莱斯（Edward Blyth，加尔各答的一位馆长）。其中，布莱斯是对达尔文帮助最大的响应者之一，也是无比啰唆的一位。名单中间还出现了一个不显眼的名字——R. 华莱士，名字旁没有任何地理标记。显然，达尔文手上有阿尔弗雷德·拉塞尔·华莱士的邮寄地址——可能是华莱士在沙捞越的临时基地——但此时此刻，他猜不出华莱士究竟会在马来群岛的哪个地方。他们几乎不认识对方。达尔文就像往许愿池扔硬币一样，希望自己愿望成真。

23

1855年9月，华莱士在沙捞越发表了一篇有关“引进”新物种“法则”的论文。这篇论文虽然没有引起轰动，但还是让人们在私下里议论纷纷。华莱士的代理人塞缪尔·史蒂文斯告诉他，有几个伦敦博物学家曾抱怨说华莱士应该停止推想，只要一直收集事实就好。另一方面，查尔斯·莱伊尔觉得这篇论文耐人寻味。爱德华·布莱斯在加尔各答拿到了一本《博物学年鉴》，和莱伊尔的反应几乎如出一辙。年底，布莱斯给达尔文写了一封长信，问道：“你觉得华莱士在《博物学年鉴》上发表的论文怎么样?”接着他又自问自答道：“很好！整篇论文都很好!”而达尔文却持相反意见。达尔文几乎是在同一时间读了这篇论文，和平时阅读研究材料一样，他做了一些笔记以便记忆。这是他一贯的阅读方法：研读大量材料，取其精华，去其糟粕。华莱士的文章给他的感觉就是糟粕。

达尔文记录到，华莱士的文章讨论了地理分布，但没有提供任何“崭新的内容”。这篇文章用了一个分枝树的比喻代表自然界中的相似性和多样性，在达尔文看来，这是“我的比喻”，心中不免有些嫉妒。这篇文章提到了残迹器官，但这是为了什么呢？还有文中对加拉帕戈斯群岛的评语——从来没有“一个推测性的说明”来解释群岛上奇特的生物和它们奇怪的分布模式——也没有逃过达尔文的眼睛。达尔文甚至可能畏缩了，他知道华莱士没有说错。达尔文没有在《考察日记》中冒险作出解释，但是……需要给他时间。的确，达尔文有时间，不过这些时间还不够。华莱士知道达尔文复杂的思考吗？达尔文并没有在脑海中争论这个问题，也没有把这个小小的挑衅视为挑战，而是否定了华莱士的全部努力。他并不认为物种的相邻“法则”有什么值得解释的价值，他从华莱士含糊的表述中只听出了自然神学的陈词滥调，别无他物。达尔文告诉自己，如果华莱士划掉“创造”一词谈论新物种的“产生”，那么他就会认可这篇论文。这篇文章已经探索得非常深入了，但华莱士从未使用过这样的字眼。达尔文断定：“华莱士似乎把这一切都看作神的创造。”于是，达尔文又回到了鸽子中间。

达尔文把请求书寄给思韦茨、莱亚德等名单上的人，当然也包括“R. 华莱士”。达尔文告诉他们：“我将会对每一张鸡皮、鸽子皮、兔子皮或鸭子皮感激不尽。”

24

在沙捞越待了一年之后，华莱士继续在马来群岛寻找新的狩猎场，他的搜寻范围已经超出了过往英国旅行者和收集家们踏足的领域。他登上了一艘中国纵帆船，在巴厘岛短暂停留后到了巴厘岛以东30英里的一个小岛——龙目岛。华莱士在龙目岛待了两个月，一边打鸟，一边观察当地文化，等待另一艘船带他去西里伯斯岛的港口望加锡[①]。他在龙目岛第一次见到了葵花凤头鹦鹉[②]，这种鸟羽毛华丽，叫声吵闹，在巴厘岛或巴厘岛以西的岛屿上都找不到。他还留意了彩虹蜂虎（rainbow bee-eater），常见于澳大利亚。华莱士穿过狭窄深邃的海峡，从巴厘岛颠簸行进到龙目岛，从这些接二连三出现的生物信号中，他最终意识到自己已经从一个生物地理区域进入了另一个生物地理区域。他现在身处澳大利亚动物界。这有些奇怪，这些区域的界线为什么如此清晰分明？

华莱士从龙目岛寄出了一箱标本，里面有300多张鸟皮，经新加坡转运到伦敦，交给史蒂文斯。他把能捕杀到的凤头鹦鹉都放在了箱子里。箱子里大多数的标本都打算出售。板条箱里还装着一个再普通不过的物件—— 一只本地家鸭的变种标本，这么普通的物件出现在一位做珍奇生物买卖的商业收藏者的标本箱里，显得特别奇怪。华莱士在给代理人的便条上解释道："这只家鸭变种标本是给达尔文先生的。烦请帮忙转交。"

我们很难判断达尔文是否收到了这只鸭子。如果他收到了，那么达尔文大概会心存感激，但不会感到意外。他早就发出了请求信，期望从那些联络人（特别是那些社会地位比他低的人）那里得到慷慨的科研协助。大约同一时间，华莱士直接给达尔文写了封信。这封信从西里伯斯岛寄出，经过当时缓慢的邮递运输，耗时6个月才到达温庄园。就像达尔文写给华莱士的第一封信一

① 望加锡（Macassar），印度尼西亚东部最大的城市，也是南苏拉威西省的省会。

② 葵花凤头鹦鹉（sulfur-crested cockatoo），攀禽，原产于澳大利亚东部，体羽无虹彩，主要为白色，头顶有黄色冠羽。

样，这封信并没有保存在达尔文浩如烟海的信件档案中，人们只能从相关回复中推测这封信的存在和信中内容。达尔文在1857年5月1日给华莱士写信说："从您的信中，甚至从您发表在《博物学年鉴》上的论文中，我可以清楚地看出，我们的想法多么相似。"他措辞谨慎，补充说他们"在某种程度上"得出了"相似的结论"。此外，达尔文说，他几乎赞同华莱士论文中的"每一个字"，他觉得两个理论家观点如此一致实属罕见。考虑到达尔文在读书笔记中对华莱士的"法则"论文的冷漠态度——"没有任何崭新的内容"——他现在的说辞可真是够厚脸皮的了。

但是，有些事已经发生了改变。华莱士那封如今已找不到的信中可能有他关于物种演变观点的声明，他也可能在信中吹嘘过论文只是他迈向理论的第一步。达尔文得知这个消息后一定警惕了起来。无论如何，达尔文已经知晓华莱士正在试探深思演变理论，不管这种试探是有意还是无意的。华莱士思考演变到底有多用心？他思考出了什么成果？这是不同的问题，而达尔文好像也没有将这些问题提出来。在他眼中，年轻人华莱士是个勤奋单纯的野外博物学家，一个潜在的但不太可能成为现实的竞争对手，因此，他乐于分享事实，也乐意交流模糊的想法。他小心谨慎，同他分享的事实和思考相比，他获得的事实和想法更为丰富。与此同时，其他一些因素也影响了达尔文的思想。

首先，他越来越迫不及待地想公布自己的大秘密。他向非科学家的老朋友福克斯坦承，他目前的研究涉及物种是否永恒不变的问题。他知道自己的答案，但他假装答案还不确定。他告诉福克斯，希望在几年内以此为主题出一本书。在和几位科学家同事的交流中，他则更进一步承认自己认为物种确实会发生变异，还概述了自己的理论。约瑟夫·胡克早就了解了内情，他当时已经读过达尔文 1844 年未发表的文章了。但在 1856 年，达尔文向查尔斯·莱伊尔和另外两三人——包括杰出的解剖学家和演讲家 T. H. 赫胥黎①，当时他在伦敦教授自然史——透露了自己的想法。4 月的某个周末，赫胥黎和胡克带着各自的妻子，同另一位科学家一起到达温庄园拜访了达尔文夫妇。这次拜访中，男主人达尔文透露了自然选择的秘密。赫胥黎怀疑宗教，生性好辩，狂热地迎合了达尔文疯狂的想法，但回到伦敦后，他依然设法保守了这个秘密。同月，莱伊尔和妻子也拜访了达尔文一家，莱伊尔和达尔文在 4 月 16 日上午进行了一次安静的谈话。达尔文提出了自己巧妙的异端理论。莱伊尔曾在《地质学原理》中痛斥拉马克的演变观点，鉴于这点，达尔文讲出演变学说前一定先咽了咽口水，鼓足了勇气。莱伊尔反应强烈，情绪复杂，这既体现出了莱伊尔的胆识，也反映出了他对这一科学事业上的基础学说作出的思想调整。莱伊尔没有接受达尔文的观点。他确实认识到达尔文强有力的思想理论重要无比。在一本关于物种问题的私人日记中，莱伊尔如实总结了那天的讨论。莱伊尔想起了华莱士所说的近缘物种“法则”——它们在时空上相邻，莱伊尔承认达尔文的自然选择理论也许可以解释这一现象。他察觉到达尔文和华莱士就像追逐同一只野兔的猎犬，他们在思考同一个问题。

打乱达尔文思绪的第二个因素来自莱伊尔给出的针对性建议——公开出版。达尔文已经足够谨慎、足够追求完美、拖了足

---

① T. H. 赫胥黎（T. H. Huxley，1825—1895），英国著名博物学家、教育家，达尔文进化论最杰出的支持者，著有《人类在自然界的位置》《脊椎动物解剖学手册》《进化论与伦理学》等。

够长的时间了，是时候出版他的理论了。拜访结束后不久，查尔斯·莱伊尔爵士写道："我希望你能出版一些相关片段，这是你的责任所在。如果你愿意，那就把理论公之于众，即日出版，让人们可以加以引用，进而理解你的理论。"莱伊尔是一名神创论者，但他也是一个忠诚的朋友。他间接地感受到达尔文迫切需要宣布这一伟大的发现——或者说，这一引人注目的想法——并宣称这一发现应当归功于他。

达尔文答应莱伊尔会考虑他的建议。但达尔文很不情愿，正如他自己所说，他很困惑。"把理论公之于众"说起来容易做起来难。面对如此浩繁、引人深思的复杂事实、推论和概念，他怎么能用一个仓促的摘要作出公正的评价呢？如果不能提供所有的证据，他怎么让自己的理论富有说服力呢？面对意料之中的反对意见，他怎么才能先发制人地作出回答呢？这么仓促是怎么回事？他觉得自己挣扎在科学理想与科学抱负之间。"我很讨厌为抢先发表而写作的想法，"他告诉莱伊尔，"但要是有人抢先于我发表学说，我一定会相当恼火。"这句话点出了一个要点：达尔文讨厌对发表顺序的争抢，但该死的是，他确实想要优先发表物种起源理论。

一周后，达尔文给胡克写信，面对这位最亲密的朋友，他可以更加坦诚，畅所欲言。"我和莱伊尔就物种研究进行了讨论，他强烈建议我发表一些观点，"达尔文说，"例如，在期刊上发表一篇相关主题的文章，或者出一本小书。"不过，没有翔实的事实依据和参考文献就发表文章，这么做"极其缺乏哲学思辨"。他不希望自己的作品看上去像《自然创造史的遗迹》一样夸夸其谈、油腔滑调。"但莱伊尔似乎认为在朋友的建议下我可以这样做，”他告诉胡克，“在这个问题上，我已经研究了 18 年，但我好几年都没能发表文章。”达尔文开始为自己进行特殊的辩解。

他好几年都“没能发表文章”，原因何在？这是因为他做事谨慎，条理分明，没有着手写作；因为他选择慢慢来。而他现在犹豫不决：他想公开发表一些观点，优先声明物种起源理论；他也想推迟发表，把理论准备得更好一点。为了让自己安心发表观点，他更愿意把出版行为描述成朋友劝说下的不得已。查尔斯·达尔文一生正直善良、慷慨勇敢；而在这一章中我们看到了达尔文人生中最脆弱、最不坦率的时刻，他的力量仿佛消失殆尽。

胡克的回信也没有保存下来，他在信中反对莱伊尔发表期刊文章的提议，但他不一定反对以独立成书的方式发表“初步论文”。在维多利亚时代，发表期刊文章暗示着要接受某种程度上的机构审查。但是，作者自费出版的私人小书，除了异想天开的作者本人以外，不会牵连其他任何人。这些书不需要编辑审查，也不需要充分引用证据。另一方面，胡克提醒达尔文，现在出版一本小书可能会削弱之后出版巨著的影响力。

由此看来，达尔文信赖的两位顾问提出了相互矛盾的建议，而他本人也感到非常困惑。他的确已经开始草拟一个简要的版本——我们可以称之为一篇论述或一篇文章——但他很快就对努力精简理论、严格筛选内容的工作感到了沮丧。到 1856 年夏末，达尔文已经把莱伊尔的建议抛之脑后，改变了写作方法，一章接一章地写，最后写出了几本厚重、详尽的大部头，可以与莱伊尔的三卷本《地质学原理》媲美。他没有意识到（或者下意识地忽略了这些警告信号）年轻的华莱士没有因过分谨慎而停滞不前，而是正在对物种起源进行着同样的思考。

快到年底时，达尔文再次给莱伊尔写信："我的巨著正在持续写作中，我发现发表初步论文或草稿的想法根本不可能实现。但我现在正在做的就是最大限度地利用现有资料，而不是等资料完善后再着手写作。进展如此之快都要归功于你。"但达尔文的进展依然不够快。

25

达尔文和华莱士虽然联系不多，但他们通过国际邮件交流的目的却截然不同。华莱士从龙目岛送来的鸭子放到达尔文的解剖台上了吗？我猜没有，因为华莱士只在封条上提到过这只鸭子，之后再无下文。也许整批标本都丢在路上了。也许塞缪尔·史蒂文斯拿到这批标本时，它们已经腐烂，面目全非。不管怎样，达尔文在1857年5月1日那封辞藻华丽的信中表达了对华莱士"法则"论文的赞赏，却没有一句道谢之语。

那封信里还有一个奇怪的评论，从中可以看出达尔文对自己拖延之久异常敏感。他注意到他们观点相似，也坦言两个博物学家之间很少有观点如此一致的时候，接着他在那页信纸上画了一条横线，仿佛是清了清嗓子。他写道："从我记录第一本笔记开始，到今年夏天将是第20个年头（！）我在这些笔记中思索了物种与变种之间有何区别以及如何区别的问题。"最后，达尔文暗示他找到了答案。不管怎样，他有了一个清晰具体的想法，其他人会判断这个理论正确与否。他告诉华莱士，一封信远远不足以完全解释他的理论，这个理论太复杂了。"我现在正准备出版该书，虽然写了很多章节，但我发现这个主题还是太大了，我想两年之内不会有出版计划。”达尔文在用花言巧语争取更多的时间和深思。

虽然达尔文依旧没有看重华莱士——没有足够重视——但他还是有点担心。达尔文用那个戏剧性的感叹号声明，这个理论是他的兴趣，是他最先开始思考的，他有优先权。公狗也会做出同样的声明，它们会抬起腿在树上做标记。华莱士的鼻子一定是不灵了，不然他怎么会没读懂这个暗示。

可恶的书

His Abominable Volume

1858—1859

26

大约在1858年6月18日，达尔文收到了阿尔弗雷德·华莱士寄来的另一封信件。这封信和其他信件一样，也是从马来群岛某地寄出，经过四个月的船舶联运送到达温庄园。这封信的信封比普通书信大一些，装有一封书信和一份手稿。达尔文打开信封，扫了一眼信，又看了看附件，感到一阵恶心，刚开始只是惊讶，马上就变为绝望。此时，他还没完成那部巨著，刚写完三分之二，日复一日的写作让这本书越来越厚。与此同时，达尔文年轻的笔友华莱士已经独立提出了自然选择进化论。

华莱士的手稿为《论变种无限偏离原始类型的倾向》（*On the Tendency of Varieties to Depart Indefinitely from the Original Type*），全文大约20页，内容清晰易懂，行文流畅，由华莱士亲笔完成。标题点出了这篇论文的核心观点：物种（作为种类）和变种（作为种类）的区别仅仅在于变异程度上的不同。也就是说，同一物种不同变种之间的变异本质上不是有限的；相反，这些变异可以无限积累，直到此变种从该物种中分离，成为独特的新物种。这份手稿提出了“一个自然界中的普遍原则”，许多变种正是依照这个原则繁衍生息的。华莱士断言，这些变种不仅从亲代物种中分离了出来，而且与亲代物种相竞争，有时甚至会比亲代物种活得更久，最终，这些变种也会产生新的变种，与原有物种的区别越来越大。与达尔文不同，华莱士没有命名这一“普遍原则”，但是他的手稿为之建立了与达尔文相似的逻辑事实。

达尔文读到：“野生动物的生活就是为了生存而斗争。群体中最弱小、结构最不完善的动物总会被淘汰。”这种生存斗争源于种群固有增长率造成的压力，产生的新生个体远远超出了现有食物和生存环境的承载力。这份手稿没有直接提到马尔萨斯的名字，而是巧妙地总结了马尔萨斯的理论。文中指出“物种在典型形态上的变异”通常发生在野生动物身上（商业收藏家华莱士常常从这些动物身上看到这些变异），大多数变异“会对生存能力产生有利或不利的影响”。例如：“四肢短而纤弱的羚羊必然更易遭受猫科动物的攻击”，跑得慢的羚羊会被狮子吃掉；旅鸽翅膀发育不好，四处飞行时会遇到觅食困难，能力不佳的鸽子就会在饥饿和竞争中被淘汰。就积极的一面而言，脖子格外长的长颈鹿可以吃到其他长颈鹿够不到的树叶，食物短缺时，它们可以依靠额外的树叶维持生存，脖子短的长颈鹿则会逐渐死亡灭绝。微小的差异使部分生物拥有了“最好的适应性”，因此它们吃得更好，防御性更强，更容易生存下来，繁衍更多的后代，从而形成数量可观的种群，而那些不幸的个体则会在斗争中被淘汰，继而消失。结果就产生了长期的“持续分化”，“不断产生与原始类型差异越来越大的变种”。华莱士手稿的结尾语气十分夸张，表示“有组织的生物所呈现的任何现象——它们在过去岁月里的灭绝和继承，表现在形态、本能和习惯上的非凡改变——都解释了大自然中那个无名的普遍原则”。

这个结尾真是口气不小。附信的行文则更为谦虚，华莱士在信中说：“我提出了一个解释物种起源的假说。”他希望达尔文先生读到这个假说时就像他第一次想到这一点时一样感到新奇。

然而，事实并非如此。

27

手稿落款“1858年2月于特尔纳特岛[1]”。华莱士是从摩鹿加群岛北部的一个火山小岛上寄出这份手稿的。据说他的灵感诞生于一次疟疾高烧期间，当时他不得不卧床养病，忍受冷热交替的痛苦，除了思考什么都不能做。多年来，他一直在思考物种是如何形成的。他在野外发现了数不胜数的变异现象，绘制了尚待确定的近缘物种分布图，越来越相信自然界存在演变现象。但是演变的因果机制是什么？华莱士在高烧期间灵感乍现，想起了马尔萨斯，记起了自己十几年前读过的马尔萨斯学说。他回忆起了人口的几何增长率和增长越来越慢的食物供应，以及接踵而至的人口增长的“限制条件”。华莱士恍然大悟——就像达尔文当初一样——这些“限制条件”也会制约野生动物的数量。他对生物的困境和死亡苦思冥想，问自己为什么有的个体能够生存下来，有的却死了。很久之后他才想起来：“总的来说，答案是适者生存。”偶然变异和斗争的必要性导致了生存差异，生存差异产生了适应性，不同的适应性经过漫长的分化，产生了矫健的羚羊、翅膀强健的鸽子和脖子更长的长颈鹿。就是这样。“长久以来，我在物种起源问题上不断思索、苦苦追寻，如今思考得越多，就越确信自己找到了物种起源的自然法则。”

华莱士退烧后，从病榻上起身，潦草地做了些笔记。没过几

---

① 特尔纳特岛（Ternato），印度尼西亚南北走向列岛的最北岛屿。岛的南岸和东岸植被茂盛，出产稻米、玉米、西米、咖啡、胡椒、肉豆蔻和水果。东南海边为特尔纳特港，历史上曾为豆蔻贸易中心。

天，他就写好了手稿，借助停在特尔纳特岛的邮船寄给了达尔文。

众多科学家之中，华莱士为什么偏偏挑中查尔斯·达尔文来接收这份手稿，倾吐自己狂热的思想呢？华莱士并不认为达尔文是一名生物进化论者。不管是达尔文发表的作品，还是他们之间屈指可数的书信，达尔文这位前辈在其中都表述隐晦，没有透露自己是一名进化论者。在华莱士看来，达尔文先生不过是一位传统意义上小心谨慎的博物学家，致力于生物地理学、藤壶和家禽变异研究。但是华莱士对自己的大发现激动不已，迫不及待地想要向公众宣布，因此不得不把手稿寄给他人，而可选之人并不多。他从塞缪尔·史蒂文斯那里听说，伦敦学界对他研究变异理论颇有微词。故乡的老朋友们认为他应该一直收集畅销的甲虫。不管怎样，为了在《博物学年鉴》上发表论文，他或许可以无视这些扫兴之语，把论文寄给史蒂文斯，就像他早年间发表作品时一样。但这么做似乎不是明智之举，至少这次不算明智，风险太大，物种演变概念煽动性太强。或许他只是志向远大。他还认识谁呢？华莱士远在伦敦之外，在孤岛上与世隔绝。他缺少科学资历，教育背景寒微，社会地位低下，仿佛边缘人物。“法则”论文全程反响平平，没能激起半点水花，让他心灰意冷。他甚至在给达尔文的信中抱怨过这一点。达尔文作为一名善意的旁观者答复他，事实并非完全如此，比如，达尔文的朋友莱伊尔就对“法则”论文很有兴趣。

莱伊尔真的这么想吗？杰出的地理学家查尔斯·莱伊尔爵士真的这么认为吗？这几句溢美之词满足了华莱士卑微的自尊心。半年之后，也就是现在，华莱士希望能搭上莱伊尔这条人脉。华莱士问达尔文："如果随信附上的物种起源手稿在您看来非常重要，能不能帮我转交给查尔斯爵士呢?"

28

达尔文感到心中受到一击。他只能怪自己，怪自己拖延、多嘴、追求完美。突然之间，他掉进了别人的陷阱，被人击倒，挣扎在荣誉和私利之间，痛苦地吼叫。他给莱伊尔写信说："你的话全都应验了，我本应先发制人。随信附上华莱士托我转交给你的一份手稿，值得一读。"他又阴郁地补充道："而且，这是与我的理论概要最为接近的作品了。"一时慌乱之下，达尔文忽略了一个重大的不同之处：华莱士关注的不是个体间的竞争，而是变种间的竞争，也就是说，华莱士研究的是群体层面上的选择，而不是群体中的个体选择。"我从来没见过如此惊人的巧合。"达尔文抱怨道。甚至华莱士的一些用词，如"为生存而奋争"，也与达尔文巨著草稿中的内容相合。达尔文注意到，华莱士只是托他转交莱伊尔阅读，并没有拜托他帮助发表手稿。当然，达尔文立即给华莱士写信，主动提出将手稿寄给杂志社。达尔文哀怨道："所以，我所有的独创性——不管这意味着什么——都将化为乌有。"

莱伊尔一向沉着冷静，劝达尔文镇定下来。也许还有替代方案，比"要么获得全部优先权，要么完全失去优先权"的方案更温和。约瑟夫·胡克同样是一位明智而忠实的朋友，也参与了讨论。时间一天天过去，虽然信件往来频繁，但一些烦扰的家庭事务分散了达尔文对华莱士手稿的注意力。

一场疾病突然席卷达温村，达尔文一家也未能幸免。达尔文幸存下来的最年长的女儿埃蒂喉咙痛，后来确诊为白喉（当时人们认为白喉是一种可怕的疾病，对其知之甚少），这种病正在全英各地流行开来。埃蒂身体好转之时又出现了另一种让人忧心的疾病——猩红热，只爆发在局部地区。村子里死了三名儿童，其他人也随时可能被传染。6 月 23 日，家中最小的婴儿——小查尔斯·达尔文感染了猩红热。

这个与达尔文同名的孩子非常神秘，与他相关的证据很少，学者们也意见不一。埃玛 48 岁时生下他，取名查尔斯·韦林·达尔文（Charles Waring Darwin），19 个月大时他还在蹒跚学步。他的身材比同龄孩子矮小，不会走路，也不会说话，性格可爱恬静，但是很少笑，也很少哭，激动时表情古怪。显然，这个孩子存在某种生理不足和智力缺陷，但是很难确定是何种不足。根据埃蒂后来的叙述，她最小的弟弟出生时“没有得到应有的智力”。在两本最为优秀详尽的达尔文传记（珍妮特·布朗的《查尔斯·达尔文》，以及德斯蒙德和穆尔联手创作的《达尔文：备受折磨的进化论者的一生》）中，德斯蒙德和穆尔将小查尔斯描述为“严重弱智”；詹妮特·布朗则认为他“可能有一点弱智”，可能是维多利亚时代的劣质药物引发的汞中毒所致。达尔文的玄孙兰德尔·凯恩斯认为查尔斯·韦林患有唐氏综合征——由于 21 号染色体额外复制而导致的身体缺陷，这个观点让人信服。当时，这种现象让人百思不得其解，直到 8 年后约翰·朗顿·唐医生（Dr. John Langdon Down）发现了唐氏综合征，才得以说明部分情况。不管小查尔斯到底患有何种缺陷，达尔文和埃玛都满怀怜悯地爱着他，对他柔情以待，这种柔情中可能掺杂了某种沉重和遗憾的情绪，而小查尔斯在6月28日高烧去世让这种感情变得更加复杂了。

小查尔斯离世时的场景同安妮死时一样丑陋和艰难，两个孩子离开人世的场景没有多大不同，小查尔斯和安妮之死就能体现。达尔文对胡克说："看到他可怜无辜的小脸在死亡的睡梦中重现甜美的神情，真是莫大的安慰。"后来，埃蒂回忆过往，更加坦率地描述了父母的反应："他们经历丧子之痛后，只能感到欣慰。"达尔文写了一本简短的私人回忆录纪念查尔斯·韦林，在书中极力突出小查尔斯积极向上的一面，回忆他时不时发出的"可爱的吐泡泡声"，光着身子在地板上爬来爬去的样子多么"优雅"，性情多么"温和，让人欢喜"。

在此期间，通过莱伊尔的回信，达尔文知晓了一些处理"华莱士困境"的想法。莱伊尔想知道达尔文有没有什么书面作品可以证明是他首先解释了物种起源。哦，有一份1844年的手稿，胡克读过；还有一份一共六段理论梗概，去年寄给了植物学家阿萨·格雷，他在哈佛大学任教，为人值得信赖。这些手稿虽然从未发表，却可以作为达尔文早就独立构思出了物种起源理论的证据，证明他没有窃取华莱士的任何理论。达尔文对莱伊尔说："现在若能在十几页里梗概发表我的理论，我将会非常高兴。但我无法说服自己如此体面地行事。"他担心，收到华莱士的手稿——毕竟，他没有向华莱士索要过手稿——让他陷入了困境。达尔文说，他宁可烧掉自己正在撰写的巨著，也不愿让人觉得他行为不端。但现在发表一份观点摘要，声称这是两年前在莱伊尔建议下动笔写就的作品，是不是为时已晚？他又说了一遍："如果我能够体面发表……"不，他无法说服自己这么做，但他又隐隐请求莱伊尔和胡克来说服他。

总之，他痛苦得都快神志不清了。孩子们还在与病魔抗争，自己却在考虑这些事情，这让他十分自责。“我受无用的情绪摆布，”他在结尾说道，“这封信废话连篇，毫无用处。”但这些情绪并不会消失。

莱伊尔和胡克读懂了其中的暗示。作为达尔文忠实的朋友，他们这几天里一直为达尔文排忧解难，为科学事业贡献真知灼见，以有待商榷的方式匡扶正义，他们策划了一个方案来挽救局面——至少挽救了达尔文的利益。的确，他们不能对华莱士的论文完全视而不见，也不能默许达尔文独自声明自己的优先权。一旦真相大白，这种行径就会被视为卑鄙可耻的不专业行为。于是，他们策划主办了一场论文发表会，联合发布华莱士的手稿和达尔文未发表的作品。随即召开的林奈学会会议上上演了这出奇特的二重唱。林奈学会是伦敦首屈一指的科学协会之一，胡克、莱伊尔和达尔文都名列协会理事。达尔文同意了这一安排，给胡克寄送了1844 年的论文和交给格雷的六段摘要，同时附上一份免责声明：“我想一切都太迟了。我一点都不在乎。”这也难怪：那时小查尔斯还在世，但发着高烧，已经奄奄一息。另一方面，华莱士并未允许联合发表（至少他并未提前得知这一安排），他无法表态，因为事先根本没有人问过他。他还在东方的岛屿上做着实地调查，远离伦敦学术圈，短时间内难以取得联系。似乎也没有人问过莱伊尔和胡克：“先生们，为何如此心急火燎？”没有人认为已经等了 20 年的达尔文还要为了华莱士的同意再等 6 个月。人们还来不及争辩，这件事就已经敲定了，木已成舟。我想，莱伊尔、胡克和达尔文如此匆忙，是因为他们都觉得不容分说就决定共享荣誉的行为有些尴尬，继续拖下去可能会让事情变得更复杂。

因此，刻不容缓。几位当事人迅速采取行动。伦敦和达温庄园之间通信不断，一封封书信隔夜即达，不断敲定细节。胡克节选了达尔文1844年的论文、写给格雷的摘要和华莱士的手稿，将此次宣读发表塞进林奈学会本就十分紧凑的会议流程中。这三篇文章按字母顺序编排——先是达尔文的两篇，再是华莱士的手稿。1858年7月1日晚，大约30名听众聆听了达尔文和华莱士的论文的宣读以及其他5篇论文的发表。胡克和莱伊尔出席了此次会议。无独有偶，塞缪尔·史蒂文斯也在场，他可能想知道华莱士这篇论文如何未经他手就到了伦敦。

两位作者都没有到场。虽然华莱士的缺席在当时并不引人注目，但是事后看来，人们可能会认为“他们的缺席太过明显”。华莱士并不是林奈学会的成员，人们普遍认为他的声音仿佛外国鹦鹉的叫声，既滑稽又粗俗。7月1日，他去了位于新几内亚岛西北海岸、特尔纳特岛以东500英里一个叫多雷（Dorey）的商业村。雨季又来了，虽然多雷村附近可供收集的鸟屈指可数，但此时却是捕捉昆虫的好时节。他的甲虫收集工作一直做得很出色，还不知道伦敦联名宣读论文的事。

达尔文心思缜密，也没有出席林奈学会的会议，留在达温庄园陪着死去的小查尔斯，心情复杂。

29

达尔文和华莱士的联名论文在林奈学会发表的那一晚，有一点最值得人们注意——这篇论文在当时产生的影响微乎其微。阅读论文后人们没有按照惯例进行讨论，也没有人起身高呼“太精彩了！”或者“太离谱了！”。大概在茶歇时，人们私下交流了意见。然后，林奈学会的成员们就回家去了。他们脚下的科学基石已经发生了变化，而他们却浑然不知。

为什么会这样？这很难说。可能是因为达尔文的节选文章和华莱士的论文主要讨论了自然选择机制的客观环境和细节，没有着眼于更大的意义。这两位作者都没有使用“演变”一词，更不用提“进化”了，尽管达尔文确实提到了“物种起源”。这场会议举行于7月的某个夜晚，天气炎热，会议时间冗长，大意的听众也许会认为达尔文和华莱士的联名论文逻辑迂回，只涉及变种和变异的问题。人们没有多加注意也可能是因为林奈学会的学者们通常不会问自己“物种是如何变化的？一个物种如何变成另一个物种？”而这正是达尔文和华莱士所回答的问题。

两个月后，《林奈学会学报》发表了达尔文的论文片段和华莱士的手稿，将其合二为一，混为一篇独立的合著论文。编辑过程中，有人断章取义，想出了一个混搭的题目：《论物种形成变异的趋向，以及变异的永久性和物种受选择的自然意义》（“On the Tendency of Species to Form Varieties; and On the Perpetuation of Varieties & Species by Natural Means of Selection”）。出版之后，论文的影响力比当初宣读时大得多。不管怎样，至少有几位科学家认为这篇文章非常重要。尽管如此，仍然有人居高临下地抨击了这篇论文。第二年年初，都柏林地质学会主席向听众宣布，如果没有莱伊尔和胡克作担保，“达尔文和华莱士的联名论文根本不足为意”。据这位主席所言，“如果这篇文章的内容同字面意思一致，那么这篇联名论文纯属老生常谈；如果文章另有含意，那此文就与事实相悖”。达尔文听到此言，认为这种批评将来会常有，现在不过是品尝了“一点未来的滋味”。的确如此，达尔文没有想错。

其他读到这篇拼凑出来的论文的读者则深受其影响。一位博物学家读到此文时还很年轻，后来撰文写道：“这篇文章给我留下了深刻的印象，让我永生难忘。”胡克即将出版一本有关塔斯马尼亚植物的著作，书中引用了达尔文和华莱士“巧妙而富有独创性的推理论断”；阿萨·格雷在哈佛大学的一个科学精英俱乐部介绍了达尔文和华莱士的理论，使得著名的博物学教授路易斯·阿加西[①]情绪激动、心生不悦。因此，达尔文和华莱士的联名文章的确引发了热烈反响，但人们并没有因此爆发出阵阵欢呼声，也没有出现警告之语。达尔文和华莱士的中心思想可能过于震撼，读者一时无法理解；或是出于其他未知的原因，读者暂时没有领会；也可能因为他们的想法表述不清，或者他们提供的事实证据不够有信服力——或者，人们只是没有十分关注罢了。不管怎样，这篇联名文章还是翻篇了。次年5月，林奈学会主席托马斯·贝尔（达尔文从“小猎犬”号归来后，刚好也是他帮忙辨认的爬行动物）发表年度演讲时，平淡地回顾了过去的一年。贝尔说，过去一年平平无奇，毫无生气，没有“任何惊人的发现让一门科学当即发生革命性的变化”。如今，贝尔的这段评价以其迟钝闻名世界。但严格来说，贝尔没有说错。达尔文和华莱士的

① 路易斯·阿加西（Louis Agassiz，1807—1873），瑞士裔美籍古生物学家、冰川学家、地质学家，美国现代科学的奠基人之一，被尊称为“冰河时期的发现者”。他一生都在质疑达尔文的进化论，因此引起科学界争议。

联合论文没有让生物学“当即”发生革命性变化。这篇论文过于简略和枯燥，还需要更充分的论述。

达尔文很快从家庭的悲剧和绝望之中恢复过来。黑色星期的星期二那天，小查尔斯夭折，其他家庭成员也处于危险之中。达尔文告诉胡克，除了给他寄送论文节选，“自己一蹶不振，什么都做不了”。达尔文和埃玛在下个周一前把健康的孩子们送到了萨塞克斯郡（Sussex），同埃玛的姐姐一起住。孩子们离开达温庄园之后，他留在家中继续科学通信。只要达尔文没有因（过度）工作累倒生病，那么对他而言，工作就是支柱。这一点依然没变。

达尔文视工作为慰藉，视科学为信仰。他给阿萨·格雷写了一封有关大黄蜂的信；给一个鸽子联络人写信索要一只小火鸡，用于盐水浸泡实验和数据测量。他主要考虑的还是自然选择：如何挽回自己的发现？下一步该做什么？华莱士的论文让他有了新的思考框架。不能再拖延了，不能再追求单调乏味的完美主义、积累百科全书式的事实了，不能再畏首畏尾、胆怯不前了。在胡克的催促下，他抓住灵感动手写一篇优美的理论“摘要”，篇幅要简短，刚好适合发表在期刊上。正如莱伊尔两年前的建议（“这是你的责任所在，如果你愿意，那就把理论公之于众，即日出版”），这份摘要将不只是节选部分论证和资料，还要将整个理论体系浓缩成一个简短的版本。当然，达尔文会是这篇摘要的唯一作者，不会和华莱士共同署名。对，就是这样，他会写一份摘要，可以收录到《林奈学会学报》，而胡克正是该学报的主理人。他把那本关于物种起源的巨著搁置一旁，重新动笔。

华莱士事件和新的写作计划让达尔文重燃斗志。七月时，达尔文前往怀特岛度假，为把七个孩子和几个仆人安置在海边别墅忙得焦头烂额。同时，他每天笔耕不辍，一写就是几小时。同那本写了一半的大部头相比，他现在下笔更加轻快，也更有个性。他强迫自己专注于核心观点，选择要点，各个击破，依次推进，选取最为生动有力的例证事实，组织吸引读者的有趣论据，而不是将各种数据堆积成山，让读者望而生畏。他采用第一人称写作，有时用“我”，有时用“我们”，行文亲切，仿佛在和读者对话：“当我们观察与家养动植物相同的变种或亚变种个体时……”他甚至发现自己开始享受写作了，这在作家达尔文身上非常罕见。正如“小猎犬”号相关游记的创作，他在叙述一个伟大的故事——这个故事源自他的头脑而不是各种研究档案。

这让他感到解脱，至少在最开始时让他感觉轻松。他决心把自己的理论浓缩在一份摘要中，发誓不写完摘要就不做其他事情。他在写给福克斯的信中也提到了这点。他洋洋得意地说：“等这篇摘要在期刊上发表了，我就给你寄一本。”

达尔文写作时尽量简明扼要，要做到这一点并不容易。就在一个月前，华莱士突然寄来的手稿让他惊慌失措，让他渴望有机会发表一份十几页的理论摘要。如今，他发现自己无法在十几页甚至三四十页的篇幅内将主题阐述清楚。要写的角度很多，他的深刻见解数不胜数。家养物种的变异要占大量的篇幅，除此之外，要写的主题还有很多。

7 月快要结束的时候，达尔文提醒胡克，这篇论文摘要越写越长，将会超出预期。8 月中旬，他回到达温庄园继续写作，从 20 年来收集的资料档案、笔记本、参考书、信件和零零碎碎的文件中汲取灵感，但他现在选取资料时会有所甄选，在事实证据和说服力强的论述之间谋求平衡。他在写作时省略了脚注和引用文献，对其他研究人员和资料提供者一笔带过。他把描写鸡、狗、鸭子和鸽子的变异的小文合为一章，完成了生存斗争一章，也写完了阐述中心思想——自然选择——的一章。秋天时，达尔文在水疗中心休养了一周，这次他没有去莫尔文镇，在那里他会想起安妮，而是去了更近的萨里郡（Surrey）[①] 沼地公园，那儿也有一个为他治疗怪病的古怪医生。之后，他又回到了工作中，写了几章变异法则（在他看来，这几章写得不是很好），也写了杂交、本能和一些可能出现的异议，涉猎了不少其他主题。达尔文一直全神贯注，像个粗制滥造的职业写手一样高产，在描述过多和阐释不足之间把握分寸，截至年底，这本书完成了一半，全书预计有500页。他仍然称其为摘要，但不久之后，这本书就被称为《物种起源》（*On the Origin of Species*）。

1859年2月，达尔文的身体再次恶化，“又是严重的呕吐”，伴有头晕目眩。他想：“一定是写作摘要的缘故。”也许是吧。他又去了一次沼地公园，几乎将物种理论抛却脑后，愉快地读小说、打台球，晚餐时与妙龄女子愉快地调情，十分放松。达尔文爱读粗制滥造的言情小说，喜欢小说里漂亮的女主角和大团圆结局，也喜欢读《亚当·比德》[②]；喜爱台球，甚至买了张台球桌。他告诉福克斯，回到达温后只需要再写两章，接着就是修订，结

---

① 萨里郡（Surrey），位于英格兰东南部、伦敦西南，毗邻泰晤士河，大部分土地为低地。

② 《亚当·比德》（*Adam Bede*），作者乔治·艾略特，通过描写亚当·比德、阿瑟·唐尼索恩和赫蒂·索雷尔之间的特殊关系，展示了前工业化时代传统乡村在封建等级制度下各社会阶层的生活方式。

束后他就“相对自由了”。

为什么自由？卸掉了保守秘密的重担？摆脱了争夺优先权的恐惧？还是从出版事务中解脱了出来？我们不必如此在意，这只是一个疲倦之人随口一说罢了。不管怎样，达尔文摆脱了这本该死的书。但是，他把这种状态解释为“相对自由”颇有智慧。他将永远无法逃避与其伟大构想相伴而来的责任和冲突。

30

回到特尔纳特岛的基地后，华莱士通过信件得知了莱伊尔和胡克的策划安排。他收到的来信不是一封，而是两封，达尔文和胡克都写了信。达尔文的信中附有胡克的信，胡克主要负责解释此事。达尔文羞愧难当，试图把自己描述为被卷入事件的被动一方，这一点可以理解。后来，他向华莱士保证，“莱伊尔和胡克维护公平的行动与我毫无联系，我根本没有任何引导”。鉴于达尔文对他们强烈的暗示和抱怨，这段话顶多算是狡辩，也可以认为其与实情不符。他在信中误报了文稿的写作时间，对华莱士谎称自己的节选文稿“写于 1839 年，到现在已经有 20 年了”。事实上，这些节选文稿分别写于 1844 年和 1857 年。这两封给华莱士的信件没有保存下来，但达尔文曾在别处提到胡克的信在呈现既成事实方面“完美无缺，表述清晰，语气最为谦恭得体”。

华莱士会作何反应？我们可以想象一个在热带岛屿上自学成才的人，长期饱受折磨、忍受孤独，他拆开邮件，突然得知自己几个月前疟疾发作时冥思苦想出的理论受到了英国多位举足轻重的科学家的青睐——他的理论不容小觑，甚至值得他们为此争执冲突。他发现不用自己出面，这场纷争就解决了，知识产权和荣誉也分给了他一半。他现在是个名人了，至少在林奈学会名声赫赫，人们都认为他是大名鼎鼎、无可挑剔的达尔文先生的合作研究者（一名后辈伙伴）。他的理论能够发表不仅有赖于自己的论据的说服力，也仰仗于达尔文这位意外的共同发现者的权威。噢！多么仁慈的行为啊！华莱士想必花了好一会儿才完全弄明白事态的进展。

也许他对着干燥的甲虫激动地叫了出来。在多雷村，没有一个人能同他分享这个消息。他一定把这两封信翻来覆去读了好多遍，一遍，两遍，细细品味。他也可能心生愤恨："我的"理论现在变成了"我们的"理论。接着，阿尔弗雷德·华莱士决定表现得更明智、精明一点，愉快地接受了安排。

没能单独发表论文的确遗憾，但与之相比，更重要的是他获得了荣誉，得到了这些科学同仁的肯定，受到了科学圈的欢迎，这都是实际的好处。华莱士对这种荣誉心怀感激，回信时态度庄重谦卑，事后看来，这种态度甚至近乎谄媚。大概在收信后不久，10 月 6 日这一天，他给胡克写了一封感谢信赞同林奈学会的安排，同时宣称如果达尔文先生"过分宽宏大量"地让他单独发表论文，他会痛苦万分。得知达尔文长期以来一直在深入研究这一课题让他十分高兴，这些事实和问题讨论得越多越好。华莱士说，通常情况下，第一发现人会独占所有荣誉，其他研究人员即使通过独立研究得出了相同的结论，也不会分得半点荣誉。在这一点上，华莱士没有说错。同其他行业相比，科学界的竞争更为激烈，科学家通常会争先恐后地宣布新发现。即便在达尔文的时代既没有资助机构，也不存在诺贝尔奖，科学家们对优先权的争夺也日趋激烈。胡克和莱伊尔的裁决违背了正规的科学惯例。华莱士声称：虽然他们的安排非比寻常，但他相信这么做“对双方不偏不倚”，若有失公允，也是他占了便宜。他还写信给达尔文，措辞大致相同。

总之，这是华莱士的公开回应。他私下的反应更能表现其真实想法。10 月 6 日，给胡克写信的同一天，他也给身在英国的母亲玛丽·华莱士（Mary Wallace）写了一封信。他在信中直抒胸臆，告诉母亲自己刚收到两封私人信件，全都来自英国德高望重的博物学家，他的心情激动无比，要与她一起分享。他向母亲讲述了一些事件的来龙去脉（并没有透露很多）——他寄给达尔文先生一篇文章，传阅给了胡克博士和查尔斯·莱伊尔爵士，得到了他们的赞赏，“他们对这篇文章评价很高，当即就在林奈学会宣读了它”。事实上，胡克和莱伊尔没有阅读这篇文章，而是促成了他人来阅读，华莱士给母亲的讲述中遗漏了这个细节。不管怎样，没有人在意。他的文章确实被读过了。我们可以想象一下：读了这篇文章的人可是达尔文、胡克、莱伊尔。为了让母亲明白其中深意，阿尔弗雷德补充道：“这样就确保我回到英国后能结交这些知名人士，得到他们的帮助了。”他骄傲地说：“瞧，妈，我现在有人脉了——不止于此，还有筹码了呢。”

大约 50 年后，达尔文和莱伊尔早已不在人世，华莱士出版了自传，有关这部分的描述略有不同。他删掉了年轻时充满机会主义色彩的说辞和现实主义的话语，措辞小心翼翼。在引用（其实是错误引用）给母亲的信时，他的原话变成了这样：“这样一来，我回到英国就能结识这些知名人士了。”那时，他已经是英国仅次于达尔文的进化理论家，而且欣然接受了这一地位。他从未过上安逸的生活——没有家庭财富、经济保障和社会地位——但他生活独立而简朴，并对此深以为豪。他曾经不仅希望“结识”这些有权有势的先生们，还渴望得到他们的“帮助”，现在回想起来，这些想法显然让他不适。

31

1859 年 5 月初，达尔文紧锣密鼓地工作了 10 个月（其间不时前往沼地公园进行短暂的水疗）后，完成了书籍的草稿，分章节交给私人抄写员誊写清楚，然后寄给了伦敦的出版商。约翰·默里的出版社曾出版过莱伊尔的著作，也曾成功出版了达尔文《“小猎犬”号所到地区的地质史与博物学考察日记》的第二版，他同意出版这本书。月底，达尔文陆续收到校对稿，吃惊地发现这些仓促写成的文章不堪卒读，写作风格“出奇地差，一点也不清晰流畅”。达尔文可从未以了不起的作家自居。

他对校对稿做了大量修改，考虑到额外的排字费用，修订文稿十分昂贵，他提出自掏腰包。他建议的书名相当无趣：《物种和变种的自然选择起源的文章摘要》（*An Abstract of an Essay on the Origin of Species and Varieties through Natural Selection*）。可以看出，达尔文仍然为简略选择材料、缺少学术引用的行为感到困窘难堪。他认为，如果参考文献不充分、佐证资料不完整，那么这本书就只能被认为是——或标记为—— 一本摘要。幸好，默里和莱伊尔说服了他。毕竟，默里出版书籍不是亏本提供公共服务，而是为了盈利，以“摘要”命名一本书听起来毫无商业前景。9月下旬，达尔文在和福克斯的往来信件中抱怨了人到中年的苦恼，他在信中说自己又病了，但至少书基本上写好了，只需要再加上索引。稍作修改就大功告成了。“我为这本可恶的书付出了那么多心血，”他写道，“为它做了那么多工作，我都要厌恶它了。”

1859年10月1日，达尔文修改完了校对稿。除却休息、旅行、打台球和呕吐的时间，他算出自己为这本可恶的书一共辛勤工作了13个月零10天。10月中旬，他提醒胡克拭目以待——他已经写了很长的篇幅，假定所有生物都存在物种演变，这么做是因为他觉得“自然界不存在一条清晰的界线，要求我必须到此为止”。这句话暗示了他对人类起源的探索。虽然书中没有明确提出人类是由其他动物进化而来，但字里行间都有类似的暗示，颇具煽动性。莱伊尔读过校对稿，似乎对达尔文书中的暗示大吃一惊，但他一直以来都给出了不少批评意见和全面的帮助。莱伊尔作为朋友十分可靠，达尔文希望胡克也能同样坦诚地给出反馈。

此时，达尔文正在伊尔克利韦尔斯（Ilkley Wells）休养水疗，这个水疗胜地位于约克郡北部的一个湿地边缘，同沼地公园一样配有台球桌，还有几位出色的球手，擅长美式台球技巧，让他看得眼花缭乱。他兴奋地对儿子威廉说，有些人能连打三四十个球，一直得分。美式台球可能是美式普尔[①]的来源之一。我们不妨想象一下这个生动的画面：查尔斯·达尔文刚刚完成一生中

---

① 美式普尔，台球的一个重要流派，与英式台球和法式台球并驾齐驱，广泛地流行于西半球和亚洲东部。

最重要的工作，手里拿着一根球杆，来到北方的荒野之地稍事休息。众所周知，戒掉鼻烟后，他偶尔会抽支烟放松一下，也许伊尔克利韦尔斯允许在台球室内抽烟。达尔文悠悠地吸了一口烟，忧郁地细细品味，接着把烟吐了出来。他眯起眼睛，穿过烟雾，把还在冒烟的香烟小心翼翼地放到烟灰缸里（当然不是放在台球桌边），俯下身来，勾起食指，搭起手架，说："先生们，角袋里有六个球。"推杆，击球，扑通。"你想象不到一整天无所事事让人多么神清气爽，"他告诉胡克，"我几乎把那本讨厌无比、几乎要了我半条命的书完全抛在脑后了。"

现在，那本讨厌的书名为《论自然选择下的物种起源，或论生存斗争下保存下来的优势种族》（*On the Origin of Species by Means of Natural Selection, or the Preservation of Favoured Races in the Struggle for Life*）。书名并不简洁，但至少约翰·默里说服他去掉了"摘要"一词。默里对这本书的前景很乐观，第一批就印刷了1250册。印刷修改校对稿的费用共计72英镑，不是个小数目，但默里主动放弃了从版税中扣除这笔钱的权利，准确地预见到与达尔文保持长期友好的关系价值更大。尽管达尔文觉得自己在写作期间备受折磨——拖延多年之后，他写起书来近乎疯狂——但幸好他很快就忘了这种痛苦，对他而言，这种健忘仿佛是一种慰藉。收到第一本书时，他本人还在约克郡。

达尔文手捧样书，情不自禁地感到心满意足，这是他的个人奖赏。在这之前，他饱受创作之苦，而在未来，他也将经受本书上市之后伴随而来的痛苦。他立即给默里写信："亲爱的默里先生，我已经收到了你的留言和样书。我把这本书视为亲生子女，它的问世让我无比地自豪与开心。"不管这本书是否真的让达尔文感到厌恶，但为人父母的自豪感胜过了重重疑虑。达尔文感到如此满意事出有因。他尚未明确物种起源的来龙去脉，也没有提出完整的理论，更没有充分享受写作的乐趣，却在这种境遇下匆匆写出了一本震撼无比的伟大著作，即将改变世界。

11 月 22 日，离正式出版只有几天，默里把书籍供给书商订货。基于对书中内容一星半点的了解和达尔文的盛名，各书商大肆抢购，订了 1500 册，而当时市面上只有 1111 册（除去宣传赠书后剩下的首印册数）可售。人们有时会说《物种起源》的首版第一天就售罄了，这个说法并不严谨，前文的数字给出了确切的事实，从书籍批发层面上来讲，《物种起源》岂止售罄，简直是供不应求。而读者拿到这本书还要经过缓慢的流通过程。尽管如此，这本书一开始的销售势头确实强劲。埃玛写信告诉了尚在剑桥的威廉，补充道："你父亲说他再也不会自惭形秽了，坦白来讲，他认为这本书确实写得不错。"默里很快就让达尔文投入到新版的修订工作中，这样一来，再版时就能附加一些额外的内容。达尔文马上行动起来，对手上那本书稍作修改。

1859 年 11 月 22 日，星期二，一个值得铭记的日子，代表了一个时间节点——在这之前，达尔文经历了创作中的个人混乱；在这之后，他将面临作品公开发行后的公共动荡。虽然读过这本书的人寥寥无几，但是根据默里的预购单，《物种起源》在那天取得了商业上巨大的成功。已经读过这本书的人反应各异。《物种起源》正式出版前，著名期刊《文艺协会》（*Athenaeum*）发表了一篇书评："如果猴子变成了人，那人岂不是什么都能变！"言语尖刻，观点消极，大概从另一个角度激发了人们的兴趣。无须在意，因为达尔文并没有在这本书中提到猴子变成人，他只是暗示了人类的起源。甚至在这本书上市之前，坊间就开始过分简化书中内容，中伤这部作品了。

32

毋庸置疑，《物种起源》是有史以来影响力最大的著作之一（达尔文在后续版本中去掉了标题中的“论”字）。哪些出版作品的发行范围和影响力能超过《物种起源》呢？或许只有《圣经》《古兰经》《摩诃婆罗多》之类的作品和一些依据《圣经》改编的宗教文本才能与之比肩，这些书曾感召了数百万人，让他们建立起虔诚的信仰或者走向杀戮。哪些科学著作能与之相提并论？或许哥白尼的《天球运行论》（*De revolutionibus orbium coelestium*）或者牛顿的《自然哲学的数学原理》（*Principia*，现常简称作《原理》）能与之并列，如果把期刊论文也考虑在内，爱因斯坦在1905年和1916年描述狭义相对论和广义相对论的两篇论文也可以与之媲美。然而，《物种起源》与其他科学巨著的不同之处在于其行文通俗易懂，作者试图同每一位专注的读者进行交流。书中某些部分的语法颇有维多利亚时代的风格，结构迂回复杂；但大部分文字清晰扼要。达尔文并不是一个风格始终如一的文体家，文笔时好时坏，但即使是文笔不佳的部分也不会深奥难懂。只不过，他有时想在一个句子里涵盖太多的内容——三段论的前提、条件、事实、规则和结论连续排列，不分段，所有结论都用分号和破折号连接，如同一个自身回折的巨大蛋白质分子。有时，他文笔优美，叙述精彩。大多数情况下，他会以一个讲解员和叙述者的视角和蔼地讲述物种起源——世界上有史以来最让人震惊的故事之一。

尽管《物种起源》是进化生物学的奠基之作，但人们如果没有读过这本书，也可以获得许多美国大学的进化生物学博士学位（或许英国的大学也可以）。如此忽视这本开创性的著作实属鼠目寸光，因为进化生物学属于历史性科学，需要人们既了解过去，又洞悉现在。与其说进化研究起源于控制实验，不如说这门学科更需要人们从事实资料出发，多多观察，勤于发现。进化生物学仍然建立在达尔文的思想和术语之上——尤其是“自然选择”理论及其术语——但该领域的专业课程通常不会要求学生阅读达尔文的著作。达尔文的书读起来既有趣又有教育意义，甚至还会让人振奋，这么做真是太让人遗憾了。

达尔文的著作倒也并非都会让人爱不释手。作为博物学家（“业余”博物学家，他从未正式从事过任何工作，更不用说接受科学职位了）和自由撰稿人（尽管他不需要写书赚钱，但他还是乐于此道），达尔文写过一些无用之作，让人读起来昏昏欲睡。他工作越努力、研究时间越长，越有可能创作出一本枯燥乏味的大部头，书中堆砌着各种精心收集的事实、用心设计的问题和晦涩难懂的结论，全篇毫无条理，言语啰唆。《动物和植物在家养下的变异》（*The Variation of Animals and Plants under Domestication*）出版于 1868 年，读起来并不引人入胜。1877 年出版的《同种植物的不同花型》（*The Different Forms of Flowers on Plants of the Same Species*）也让人毫无推荐之意。达尔文篇幅小一些的著作，例如《食虫植物》（*Insectivorous Plants*）和《兰科植物的受精》（*The Various Contrivances by Which Orchids Are Fertilised by Insects*），运用了最引人入胜的写作手法——对体现宏大生物学主题的古怪生物作了细致入微的观察。但是这些书十分紧要、让人叹服吗？全书文笔生动、通俗易懂吗？答案是否定的。达尔文的最后一本书《腐殖土与蚯蚓》（*The Formation of Vegetable Mould, through the Action of Worms, with Observations on Their Habits*），多半因为行文朴实无华，主题非比寻常，所以读起来让人愉悦，给人意外之喜。藤壶系列著作仅限专业人士阅读与参考，艰涩之过不能怪罪于他。《“小猎犬”号航海记》（即《考察日记》）以一个好奇谦逊的年轻人的口吻进行写作，叙述描写丰富多彩，是他所有作品中最易读的一本，但并没有凸显他作为一名成熟的、真正的科学家的优势。他的自传属于私人回忆录，为家人而写，在他与世长辞之后才出版。《人类的由来》（*The Descent of Man*）实际上是将两本书合二为一，书名全称《人类的由来及性选择》（*The Descent of Man, and Selection in Relation to Sex*）也印证了这一点。这种大杂烩式的写作使得书中内容不够连贯，前七章后出现了一个起伏巨大的转变，从人类起源陡然转向性选择。人类由动物进化而来是达尔文最为大胆的猜想之一，尽管如此，这一主题的作品却算不上是他的佳作。这本书作为《物种起源》的补充与拓展出版于1871年，却不像《物种起源》那样观点犀利、势不可当、权威十足。由于文中观点在当时广受恶评，这本书在当时十分畅销，但时至今日，人们对它的关注远远比不上《物种起源》。

对达尔文来说，匆忙和焦虑似乎是一件好事，至少创作重量级作品《物种起源》期间情况如是。阿尔弗雷德·华莱士先发制人，让他大吃一惊，有了危机感，迫使他赶紧写作，无意之间帮了他一个大忙。事实证明，这本草草写成的“摘要”通俗易懂、大受欢迎、让人信服，那本关于自然选择的大部头著作永远不会取得如此成效。达尔文没有完成那本大部头，在他有生之年也没能将其出版，这可能是因为他对百科全书式的阐述全无兴致，而《物种起源》也让大部头变得无关紧要。他补救了大部头的前两章，将其改写为家养动物的变异。这份长篇手稿的其他部分——包括八个半章节——直到 1973 年才被人们发现，当时，学者 R. C. 斯托弗（R. C. Stauffer）对其进行了编辑，以《查尔斯·达尔文的自然选择》（*Charles Darwin's Natural Selection*）为题发表。虽然该版本作为考据文本意义重大，但对比之下，《物种起源》更为优秀，而这才是斯托弗编辑版本的主要价值。这说明在华莱士的干涉下，达尔文和他的读者有多么幸运。

《物种起源》——这本让达尔文深恶痛绝的小书——的编辑史更复杂。假设人们打算阅读或重读《物种起源》，首先遇到的问题就是挑选哪个版本。达尔文在英格兰出版了六个不同的版本，后五版也都由他亲自修订。许多修订是实质性的：增删句子；重写段落以表述清晰；反复改写旧想法，用新理论取而代之；插入限定条件；收录读者的最新反馈；写作大段论述以回应狡黠的评论者提出的批评意见。文学学者莫尔斯·佩卡姆（Morse Peckham）按照出版顺序收集整理了该书的全部变更，在 1959 年——《物种起源》出版百年之际——出版了集注本。通过佩卡姆整理的集注本，我们得知《物种起源》首版售罄后，在约翰·默里的要求下仓促出版了第二版，删除了 9 个句子，添加了 30 个句子，修改了 483 个句子。1861 年的第三版中，达尔文附上了一篇名为《简述物种起源的近代发展》（"An Historical Sketch of the Recent Progress of Opinion on the Origin of Species"）的论述，概述了许多学者的研究观点，以回应人们对他将前人成果归功于己的指控。这份论述作为第三版前言，肯定了拉马克、圣提雷尔、罗伯特·格兰特、理查德·欧文、帕特里克·马修（Patrick Matthew，名不见经传的作家，主要研究造船木材，坚称自己在1831年先于达尔文提出了自然选择学说，因此心生妒意）、达尔文的祖父伊拉斯谟等人先前的理论成就。

1866年的第四版中，达尔文在概述后加了两页，全书主体内容扩写了十分之一，增补了胚胎学和生物发育等内容。第五版中首次采用了赫伯特·斯宾塞[1]提出的名言——“适者生存”（the Survival of the Fittest），该表述与“自然选择”大致同义。后来出版的各个版本都囊括了更为丰富的例证和事实。随着《物种起源》的出版，越来越多的科学家受到启发，进化论研究开始走上正轨，书中的一些例证就来自这些科学家新近的研究成果。因此，书中内容得以一直发展、与时俱进，不断回应这场由其引发且持续存在的大辩论。达尔文在第六版中加入了全新的一章——《自然选择的各种异议》，对一名激进批评者的意见分条回应。同样在这一版中，达尔文去掉了标题中的“论”字，如此一来，《论自然选择下的物种起源》（*On the Origin of Species by Means of Natural Selection*）即可准确精简为朗朗上口的《物种起源》。

1872年，默里出版了第六版《物种起源》，这也是达尔文本人亲自参与的最后一个版本，因此人们常认为这一版是权威之作，如果想知道达尔文最终真正想表达的观点，那就应该读一读

① 赫伯特·斯宾塞（Herbert Spencer，1820—1903），英国哲学家、社会学家、教育家，被称为“社会达尔文主义之父”，提出一套把进化理论应用在社会学上（尤其是教育及阶级斗争上）的学说。

这一版。作为一名非专业人士，我认为这是一种误导。最终版本不一定是精彩绝伦、妙趣横生或最为重要的一版，甚至不能算作最“达尔文主义”的一版。1859 年到 1872 年，达尔文对《物种起源》作了诸多改动，其中有些改动称不上是改进，而改进的内容也不能与石破天惊的首版内容相提并论。《物种起源》在国际上引起的骚动不容小觑，书中的主要思想在 13 年后广为人知，人们通过新闻报道和书面论战间接地了解其中含义，通过书籍原文不断加深认识。不管达尔文先生在最新版本中作了何种细微修改，其思想正在英国、欧洲大陆和美国的科学界广为流传，在公众之中盛行不衰（但流传内容不够明确）。截至 1872 年，自然选择进化论引发的思想运动比《物种起源》更为宏大，而 1859 年 11 月（皆因华莱士的无心之举促成）出版的《物种起源》则是对该理论最为权威的解释。尽管达尔文对全书作了修改、辩驳和调整，但并没有全盘否定初版内容（以全新的方式看待地球上的生命，震惊世界），也没有过于追求完美，过分精益求精。

所以，我建议诸位忽略这些后来的改动，也不要在意第六版。买书和阅读之前，不要相信任何人，检查扉页“版次说明”之下的小字或者标题页背面不起眼的出版日期。你把《物种起源》当作科学著作也好，视为书面历史文献也罢，我都建议你找一本首版的重印本（推荐带有页码和原始字体的影印本），这么做既帮了你自己，也帮了查尔斯 · 达尔文。过去 100 多年间，正是这本书以其大胆创新的观点和缺陷给人类思想带来了自“上帝创世”400 多年以来最具颠覆性的变化。

33

《物种起源》开篇是一段回忆，语气温和谦逊：

> 作为博物学者搭乘“小猎犬”号皇家军舰环游世界时，我曾被南美洲的一些实例深深打动，这些实例和生物地理分布、现存生物和古代生物的地质联系相关。在我看来，它们似乎可以帮助我们揭露物种起源——人类历史上最伟大的哲学家将其称作“谜中谜”——的一些真相。

这段话读起来很简单，但字里行间隐藏了许多暗示：生物地理学、古生物学、时间相近的近缘物种。文中提到的约翰·赫歇尔的“谜中谜”是达尔文在1838年12月演变笔记E中写的一个条目，当时的他年纪尚轻，朝气蓬勃。揭露“一些真相”——这一表述朴素，文笔谦逊，结尾语气甚至更加低调，效果良好。除此以外，以“小猎犬”号的航行引出观点的做法也相当明智，这让人们阅读时产生的第一印象就是他在“小猎犬”号上，如此一来就树立起了他风度翩翩、经验丰富的形象。而在1859年，这么做还会提醒读者这位作者正是20年前出版热门旅行纪事《考察日记》的那位中年理论家。

绪论共有6页，开篇如同一段引出乐章主题的序曲：“世界上数不胜数的物种已经发生了改变”，拥有完美惊人的构造，产生了相互适应性，他提出的“自然选择”机制能够解释这些变化。他没有使用“进化”这一名词。尽管全书最后一句话提到许多奇妙的物种“已经进化，而且正在进化”，但是第一版中并没有出现“进化”这一术语，人们早就熟悉的煽动性词语“演变”在此也被省略。相反，他在开头几页谈到了“物种的改变与相互适应性”，后文还谈到了“后代渐变”和“起源理论”。绪论中述说的另一重大主题是“生存斗争”，这也是阿尔弗雷德·华莱士独立思考物种起源时提出的说法。当然，他也提到了马尔萨斯。

接着，达尔文写道：

> 对于任一物种，如果产生的个体数量超出了其生存能力，那么生存斗争就会随之而来，不断反复。在错综复杂、偶尔变化的生存条件下，如果某种个体产生了对自身有益的任意形式的变异，那么这种个体就会获得更好的生存机会，成为自然选择的个体。根据遗传原理法则，任何被选中的变种都有繁殖产生新的改良品种的倾向。

如果深入补充两个观点——持续的选择会产生惊人的极端适应性，最终导致谱系的分化——那么这段表述也可以视为概要中的概要了。

全书正文分为 14 章，编排顺序奇特。达尔文作了一个违反常理的决定：先讨论进化的发生机制，再关注进化的现象。也就是说，先用变异和生存竞争说服读者接受自然选择——自然选择可以存在，且必须发生；再展示表现进化的证据，无论其机制如何，该现象都已经发生。如今看来，这种安排似乎本末倒置，但在 1859 年，这种做法尤为睿智，因为之前已经有人提出过物种演变，虽然演变不为人所接受，但早已广为人知，而自然选择是一个突破性概念，能够使演变合理化，甚至让怀疑论者也无可反驳。

达尔文在第一章专门论述了家养动植物的变异，点明变异不仅经常发生，而且育种者还会利用这些微小的差异来改变家畜、宠物和农作物的谱系。不管是家犬、奶牛、家猪、山羊、家兔、绵羊、家马、鸭子，还是草莓、土豆、大丽花、风信子，每个物种都存在变异。以小鸡为例，人们若是了解禽类便会发现每只小鸡都不完全一样。优质猪和普通猪存在区别。当然，鸽子也不例外，这一点在观赏鸽身上格外突出，达尔文也最喜欢以它们为例。通过观察自家鸽笼、阅读养鸽人的内行读物、偶尔光顾伦敦鸽友俱乐部，他积累了不少专业知识，认为所有鸽子——不管是翻头鸽、孔雀鸽、球胸鸽，还是别的品种——都是原鸽（*Columba livia*）这种野鸽的后代。如何解释观赏鸽华丽的外形差异呢？答案是人类的选择。如何解释赛马和挽马、灰狗和猎犬之间的区别呢？同样，答案还是育种者的选择。大自然以某种方式孕育了这些微小的变异。人类给动物配种、帮植物授粉时会择优选择变种。经过几代家养育种的积累，这些择优选择的变异得以延续和放大，结果就产生了不同于原始类型服务于人类、为人们提供娱乐的特定种类。人工选择（artificial selection）是达尔文基本类比的首要支柱。

接下来他把视角转向野外变异："没有人会认为同一物种的全部个体完全一样。"只要仔细观察，不管是谁都会承认，同家养动物一样，野生动物的个体之间也存在着细微的差别。华莱士通过观察收集待售的甲虫、鸟类和蝴蝶发现了这一点。通过炼狱般的藤壶解剖，达尔文也看到了这一点。没有变异，分类学研究就不会如此困难。但在1859年，大多数人认为野生动物之间的差异十分有限，而且难以持续。除了达尔文和华莱士之外，其他博物学家虽然也注意到了这点，但认为这无关紧要。他们认为，假设物种不可变，变异就是在物种原型本质上产生的微小变动，任何偏离本质的变异最终会回归本质。物种内的变种就属于此类不稳定的群体，受制于不可跨越的物种界线，是一种无关紧要、不可持久的异常现象。

达尔文说，不，不是这样的。人们不能对变种如此轻视。事实上，定义“物种”和“变种”非常棘手，难点在于二者的界定标准，而在此基础上的标本分类界线也模糊不清、难以确定。物种和变种之间的界线模棱两可，分类学家众说纷纭。一位植物学家研究了一组植物，发现其中有251个物种；另一位专家观察同一组植物只会发现112个物种，另外的139种与这112个物种之间没有真正的种间区别，或者区别十分细微。达尔文曾在加拉帕戈斯群岛上探索，后来辨识岛上鸟类时困难重重，这些没有让他忘记自己“曾深深震惊于物种和变种之间极其模糊和武断的区别”。他总结道，物种和变种之间的真正区别在于程度不同。同一属内不同物种的不同点——尽管这些物种有很多相似点——多于同一物种不同变种之间的区别。变种之间微小的差异可以不断积累，直到这些差异成为物种间的主要差异。华莱士1858年发表的论文《论变种无限偏离原始类型的倾向》强调的正是这一观点。达尔文早已独立得出了这个见解，因此无须阅读这篇论文，当然他也无意于此。

达尔文在开篇几章直接抨击了旧式思维——物种神创、永恒不变这种仿佛是从上帝的档案柜里拿出来的想法。这两章为讨论自然选择奠定了基础，除此之外还有更重大的意义，它们代表了达尔文最为深刻的科学贡献之一。人口遗传学家理查德·路翁亭[①]写道："达尔文没有把生物间真实存在的变异当作令人厌恶、无关紧要的干扰，而是将其作为现实世界的核心，彻底颠覆了人们对自然的研究。"在达尔文的引领之下，人们看到世界千变万化，整个物理世界不是完美理想世界的再现，而是由具体的偶发事件构成的。

第三章论述生存斗争，运用马尔萨斯的人口算法和经验数据消解了神创不变的自然理念。自然界真正的秩序并不温和，充满了殊死争夺；即使这种不顾一切的斗争进行得悄无声息、不为人知，自然界真正的秩序也依然是生存斗争。达尔文提到瑞士植物学家奥古斯丁·彼拉姆斯·德·堪多[②]的知名观点，暗示"自然界处处硝烟，所有有机体之间、有机体与外部自然界之间莫不如是"。它们捕食、竞争、寄生，还会产生过多的个体。随着物种不断繁衍，后代将失去充足的食物和空间。繁殖率按几何级数增长，但栖息地有限。幸运的是，许多生存威胁也会逐渐逼近。如果大多数物种的大多数个体没有因生存斗争和自然毁灭而亡，那么陆地、海洋和天空中将会挤满各种生物。相对而言，人类的繁殖速度较慢，但也遵从这条增长规律：如果所有人都能出生且存

---

① 理查德·李文丁（Richard Lewontin，1929—），遗传学家、进化生物学家、马克思主义者、社会活动家。

② 奥古斯丁·彼拉姆斯·德·堪多（A. P. de Candolle，1778—1841），瑞士植物学家，最先提出了"自然战争"概念，指出物种之间在进行战争，不同的物种为了争夺空间而进行战争，启发了达尔文提出自然选择。

活，每一代的数目会增长一倍，那么过不了几千年，地球上就会挤满了人，多一个也容不下。大象的繁殖速度更慢，但其固有增长率也呈几何级数。如果一头母象一生只繁育 6 个后代，每个后代也都以同样的方式繁殖，根据达尔文粗略的计算，那么 500 年后大象的数量将达成 1500 万头。这个数字多么庞大，实在是太多了。但这种现象并不会发生。原因何在？原来，为了生存与繁殖，每头大象都必须进行生存斗争，很多大象都会在生存斗争中落败。

达尔文从另一本旧笔记上取了一张图片，写道："大自然的面貌如同一个由成千上万锐利的楔子组成的柔软表面，这些楔子紧紧挤在一起，受外力不断击打向内推进，有时只有一个楔子遭到击打，接着，另一个楔子受到更重的击打。"这就是生存斗争，需要它们付出代价。不是所有的楔子都有合适的尺寸，契合完美，同理，也不是所有的生物都能在自然界找到自身的位置，满足自身需求，生存下来，成功繁殖。达尔文在《物种起源》第四章开头写道："现在我们可以思考一下生存斗争与变异之间的相互作用。"

第四章是该书的核心，将野生物种与家养变种作了清晰明确的类比。达尔文问道：如果人类的选择性繁殖能够创造出如此奇特的变化，那么在自然选择之下，"大自然什么影响不能产生呢"？

比如，我们可以想象一个布满本土生物的岛屿刚刚经历了气候变化，新的气候给本土生物带来了新的生存挑战，雪上加霜的是外来生物跨越水域，开始入侵。"在这种情况下，不管是何种物种的哪个个体偶然出现了与新环境相适应的微小变化，都会获得更大的存活几率。因此，自然选择能够自由地改进物种。”这种“改进”的表现形式可能会十分古怪。依照不同的环境条件，可能会产生巨型海龟、小型麋鹿、树栖袋鼠和巨型蟑螂，也可能会产生不会飞的大型鸟类、潜入水中觅食海藻的鬣蜥，还可能会产生长着松雀鸟喙的雀科鸣鸟，鸟喙尖锐到可以啄破种子。

此外，达尔文认为自然选择不仅催生了微小的变化和巧妙的适应性，还扩大了生物间（变种之间、物种之间、属之间，以及更高的分类阶元之间）的差异，从而造就了地球上异常丰富的生物多样性。没有生物多样性，森林、岛屿、小池塘里就不会有个体数量巨大的不同种生物共存。达尔文举了一个经他调查的例子：一块只有 3 英尺 ×4 英尺大小的草地多年以来一直裸露着、没有受过干扰，对这块土地的植物进行全面调查后，他发现了 8 个目 18 个属 20 个物种。这么多种植物如何能够共存于一块这么小的矩形土地呢？原来，它们彼此之间区别巨大——寻找光线、水、矿物质和繁殖的方式各有不同——这些差异最大限度地减少了竞争。在有限的物理资源下，性状分歧使更多的生物能够同生共存。

达尔文认为，鉴于马尔萨斯所说的资源争夺：

> 不管是哪一个物种的后代，其构造、体质、习性越多样化，那么该物种在自然组织中能占据的地方就越丰富，个体数量也会越来越多。

达尔文这句话，尤其是“自然组织中能占据的地方”一句，写于“生态学”（ecology）一词出现之前，预示了生态位的概念。

《物种起源》中间几章讨论了一些复杂的论题，比如本能、杂交不育（利于保存种群中出现的性状分歧）以及达尔文对过渡结构这一突出问题的解答。这一问题由来已久，与他的理论相左，有时，神创论者仍然会对此提出质疑。达尔文所说的过渡结构是指尚未完全发育到更高潜能的一种结构，例如与翅膀类似却不能飞行的附肢和原始的眼前体。难点在于理解自然选择如何制造了这些不完整的结构。假设变异以微小的幅度递增，自然选择只保存有利的变异，那么在过渡阶段（原始翅膀尚不符合空气动力学，原始眼前体尚不能聚焦图像时），逐步增加的变异可能会带来什么样的优势？

为了回答这个问题，达尔文举了为了适应而产生的过渡结构的例子，例如飞鼠或飞鱼的“翅膀”，对光敏感器官——某些无脊椎动物尚未发育完全的眼皮层——的重要性进行了严谨的逻辑思考。他还指出，随着过渡结构的发展，优势的类型也可能意外发生改变，依时机而定。他描述了一对卵生系带作为例证，这是某些藤壶（有柄藤壶）身上鲜为人知的结构，呈现出皮肤褶皱的形态。这些系带（褶皱）会分泌一种黏稠的物质将受孕卵子保存在卵囊中。在其他种类的藤壶（无柄藤壶）身上同样能发现这种基本器官，为了满足不同的适应性（与呼吸有关），该结构在形式上发生了变化。瞧，这两条黏黏的褶皱变成了鳃。正是达尔文发现并命名了这一结构，因此他在举例时底气十足，表现得极其博学。谁说藤壶研究是白白浪费时间呢？

34

读到这儿，你已经深入了解《物种起源》一书了。达尔文正是从第九章开始才把重点从自然选择机制转移到进化的自然现象上来。他改变了论述策略，没有主张自然选择一定会发生，而是列出证据证明进化已经发生。这些证据主要分为四类：生物地理学证据、古生物学证据、胚胎学证据和形态学证据。

正如人们所知，生物地理学是达尔文转入进化研究的起点，也是指引华莱士的灵感。同所有野外研究一样，这一学科生动广大、丰富多彩，但在五彩缤纷的分布模式之下蕴含着深刻的含义。达尔文写道，任何研究动植物地理分布的人都会震撼于相似物种之间的集群模式。几种斑马只生活在非洲，几种袋鼠只存在于澳大利亚和新几内亚。旧大陆猴（狭鼻猿[①]）只分布在大西洋以东；新大陆猴（阔鼻猴[②]）只分布在大西洋以西；许多狐猴只分布在马达加斯加及其附近岛屿上；许多巨嘴鸟只分布在中美洲和南美洲。虽然有些地方的栖息地和气候可能也适合狐猴和巨嘴鸟生存，但这些地方并没有狐猴和巨嘴鸟，其他物种填补了它们的空缺，顶替了它们的角色——猴子取代了非洲狐猴，犀鸟取代了巨嘴鸟。为什么会这样？这些分布模式是偶然产生的，还是另有玄机？

达尔文引用了华莱士 1855 年的论文——初读时他没有理解

---

① 狭鼻猿（catarrhine），旧大陆某些类人灵长类的统称。

② 阔鼻猴（platyrrhine），因在美洲新大陆被发现而得名，包括狨科、卷尾猴科、夜猴科、僧面猴科和蜘蛛猴科。

其中含义——大意是说“从时空上来讲，每个物种都恰好产生于早已存在的近缘物种”。他说自己现在和华莱士先生达成了共识，认为这种巧合可以用后代渐变来解释，每个物种在空间和时间上都不同于另一个物种。南美洲附近分布着两种相似的巨型走禽（美洲鸵），没有非洲鸵鸟或澳大利亚鸸鹋。此外，南美洲的陆地栖息地上分布着刺豚鼠（agouti）和绒鼠（bizcacha），湿地栖息地上分布着河狸鼠（coypu）和水豚；而北美洲的陆地栖息地上则分布着野兔和家兔，湿地栖息地上分布着海狸和麝鼠。为什么世界各地分布着不同的动物？为什么近缘物种在各个大陆上相邻而居？为什么生活在各大陆条件相似的栖息地上的物种的亲缘关系并不是很近？“从这些事实中，我们看到了某种深层的生物联系，贯穿时空。”达尔文说，“根据我的理论，这种联系无非是遗传罢了”。相似物种在空间上比邻而居是因为它们拥有共同的祖先。

古生物学从时间维度上揭示了其他的群聚模式。达尔文提出，不妨对比下澳大利亚哺乳动物的骨骼化石和现存的哺乳动物、新西兰古代和近代的巨型鸟，以及马代拉河的蜗牛化石和时下生存在那里的物种。古老物种和新近物种间的相似之处不可理解吗？这些相似点是随机偶然出现的吗？答案是否定的。达尔文认为，“应用后代渐变理论”，这一问题——同一地区在不同地质时期出现相似但不完全相同的物种——“马上就会迎刃而解”。

胚胎学也涉及一些生物模式，亟待人们解答。为什么哺乳动物的胚胎发育时会经历一个与爬行动物的胚胎相类似的阶段？此外，为什么哺乳动物的胚胎会出现鱼胚胎的鳃缝？广义上来讲，胚胎学的研究范围不仅包括生物未出生或未孵化时的状态，还包括整个未成熟的生长阶段，因此，这又引出了另一些问题。为什么幼狮的腿上长着成年老虎（狮子的近亲物种）的纹路？为什么变态发育前能够自由游动的藤壶幼体同咸水虾的幼体如此相似？为什么飞蛾、苍蝇和甲虫的幼虫两两相像（均为虫态），而其成虫形态相差甚远？达尔文写道，这是因为胚胎时期“动物形态较少改变”，这种状态“揭示了其祖先的结构”。

形态学是研究形态结构和设计的学科，在达尔文看来，形态学是博物学的“精髓”。人类的手（便于抓取）、鼹鼠的爪子（便于挖洞）、马的腿（便于奔跑）、鼠海豚①的鳍（便于游泳）和蝙蝠的翅膀（便于飞行），说明存在着某种潜在的五指形态，在不同的动物身上，相近位置上的骨骼的形状会有所改变。还有什么例子比这个更有说服性吗？达尔文并不是第一个注意到这种同源性的博物学家，他提醒人们，这种同源性对圣提雷尔的形态观——动物外形多样性之下存在“设计统一性”——至关重要。昆虫的口器同样体现了同源性的“伟大法则”。飞蛾的螺旋长象鼻、蜜蜂折叠的吻喙和甲虫凶猛的下颚虽然用途不同，但构成要素相同：上颚、下颚和上唇。不同花的不同部分，如雄蕊和雌蕊、萼片和花瓣，也是同源的。如何解释这些基本结构？达尔文指出，按照古老的神创论，答案只有一种——“造物主”采用这种节约吝啬的手段，“欣然创造了每一种动植物”。这个解释根本说不通。全能的神为什么要采用节约的手段？达尔文将此解释为后代渐变。同源性反映出自然选择不是万能的，而是简练的，受制于历史和环境，作用于祖先传承下来的模式。

---

① 鼠海豚（porpoise），一种长达 1.85 米的齿鲸，背部黑色，腹部白色。

形态学的一个用途是系统分类，圣提雷尔和居维叶就曾应用形态学方法将所有物种层层分类。达尔文曾经是一名藤壶分类学家，觉得这个话题值得写 23 页。他认为不能随心所欲地将物种划归到更大的类别中，这与把星星画成星座不一样，不能为了娱乐或方便记忆就如此武断行事。生物分类应建立在深层的基础之上。但这种分类是什么呢？为了便于参考，也为了某种意义上的“自然”和“客观”，分类学家试图将种、属、科和其他分类阶元归整到同一个系统里。人们可以在任何一家动物园里看到这种分类方式。这里有猴子，那里有大型猫科动物，那栋建筑里有短吻鳄和鳄鱼，鸟笼里有鸟，水族馆里有鱼。那么鼠海豚和海牛应该在哪儿？显而易见，这两种动物属于哺乳动物，不属于鱼类，但栖息地与鱼类相同，所以它们也会在水族馆？为了方便，动物园的设计者可能会模糊物种间的界线。另一方面，分类学家辨识物种时会尽力找到它们根本上的相似点，而不是表面上的相似之处。例如，（在分类学定义上）脊椎动物都有脊椎，而脊椎动物中，哺乳动物都有皮毛和乳腺，没有羽毛和鳞片；有袋动物有育儿袋，用于携带和喂养尚未独立的幼崽，而有袋动物中，袋鼠的足蹄巨大，尾巴强壮。这种有序安排的终极来源是什么？达尔文说，许多与他同时代的博物学家认为一个好的分类系统只在于“揭示造物主的设计”。但这个解释没有说服他。不论其真假，这个说法对科学毫无贡献。达尔文认同另一种说法，即“真正的分类都是系谱分类”。他认为，“博物学家一直在无意识地寻找的隐藏联系”正是后代的共性。短吻鳄与鳄鱼相似并不是源于某种神圣的选择——为了创造多种具有锥形牙的大型水生爬行动物，而是因为它们源自共同的祖先。

残迹器官是形态学上的另一例证，说明生物界满是微小的缺陷，值得人们深思，比如洞穴鱼的盲眼、几维鸟的残翅和人类的阑尾。从某种意义上来说，这些结构也是过渡结构。但达尔文认为，之所以将这些结构与飞鱼的翅膀、昆虫的单眼、藤壶的双卵系带区分开来，是因为残迹器官（他也称之为“萎缩的器官”或“不发育的器官”）看起来不是进化中的改进，而是进化过程中的退化（局部器官退化，但整体不受损害）。如果这都解释不了残迹器官的存在及其奇怪的无用性，那还有什么说法呢？《物种起源》的最后，达尔文也向读者提出了同样的问题，他之前在笔记B中也曾对此颇有兴趣：为什么男人会有乳头？为什么有些蛇光滑的身躯下会有残存的骨盆和后腿？为什么某些不会飞的甲虫会有密封于鞘翅之内的翅膀，永不打开？这些残迹特征代表了某个谱系的残余记录。

是什么造成了残迹器官的萎缩？这个问题十分复杂——复杂程度甚至超出了达尔文的认知。他认为这些器官遭到弃用的理由十分充分，但现代进化理论（后文详述）认为他的观点是错误的。好吧，人无完人。查尔斯·达尔文当然也不例外。他也长着毫无用处的阑尾和乳头，即使在《物种起源》一书中，他偶尔也会出错。总之，不管是什么导致复杂器官退化为残迹器官，从结果来看，这些器官都记录了进化历程中的变化。

在最后一章中，达尔文声明全书本质上是一篇将共同祖先理论和自然选择学说联系起来的“长篇论证”。在综述了主要事实和推论之后，他在修辞上的气势逐渐增强，预测他的理论将“引发一场博物学大革命”。他说得没错。在这个新视角下，分类学家开展工作将会更加简单和明确。人们将对变异的原因和法则进行全新的研究。总而言之，博物学将更加引人关注。对家养物种的研究将会呈现出非凡的意义。古生物学得到清晰的阐释，生物地理学将会不断推进，胚胎学和残迹器官的研究将揭示现存物种和古老原型物种之间的联系。“我预见，”达尔文写道，“在遥远的未来将会出现更加重要的开放性研究。”例如心理学——人们将会以全新的方式理解精神力量的起源。接着，他隐晦地说出了句名言：“人类的起源和历史将得以揭示。”即使在这句革命性的宣言中，达尔文仍然小心翼翼，依然对人类进化只字不提。

达尔文转而探讨了另一个敏感话题——上帝的方式。他承认不少著名作家都对物种神创深信不疑，但他本人并不相信这些。他宣称：“在我看来，物种的形成方式与造物主施加于物质的法则更相符，不管过去还是现在，世界上生物的产生与灭绝都源于次要因果关系①，同决定个体生死的法则如出一辙。”这句话中“造物主施加于物质的法则”一说蕴含了比进化论还要重要的宏大主题与深刻信念。达尔文认为，宇宙由固定法则支配，不受神反复无常的干预。至少在1859年，他仍然虔诚地相信神的存在，在写作中将“造物主”视作最终的法则制定者，而他的精神生活则全部建立在“法则不变，可以探索”的信念之上。他在《物种起源》扉页的背面引用了威廉·惠威尔深刻隽永的一小段话，作了许多暗示：

对于物质世界，我们至少能够说：我们可以认为万事万

---

① 次要因果关系，哲学命题，即所有上帝创造的具有内在潜力的物质和物质对象，随后都可以根据自然法则独立进化。传统基督教会稍作修改，以解释偶尔出现的奇迹和自由意志。

> 物不是由神力在每一特定场合的孤立干预所致，而是由普遍法则所建立。

此刻，达尔文在全书最后一段又回到了这个宏大的主题。他坚称类似万有引力或热运动的固定法则造就了生物进化，其支配法则包括生物的生长、繁殖、遗传、变异、种群压力和生存斗争，这些法则共同作用产生了自然选择、性状分歧和不适者的灭绝。自然战争的伟大结果就是产生了高等动物。这个想法难道不比上帝亲自设计每个扁虱、蛤蜊和扁虫更庄严、更让人满意吗？

在达尔文看来正是如此。他在全书最后说道："此种生命观十分伟大。"这句话与他在1844年首次起草的论文相呼应。尽管《物种起源》结尾一段举世闻名，但是依然值得本文再次引用：

> 最初的一种或几种生命形态早已注入了多重力量；地球依照万有引力的既定法则运行之时，从简单的生命形态中萌发了无穷无尽、绚丽十足、让人着迷的生命，从古至今，这些生命一直在进化。此种生命观十分伟大。

此种生命观十分伟大。对于创作仓促、行文华丽、受人瞩目、瑕疵众多的《物种起源》来说，这个结尾意味深长，铿锵有力。

35

如果我们仔细重读《物种起源》，少关注其核心论点，多留意作者的表达，注重逻辑，留心遗漏与错误之处，关注各个主张的应用范围，那么我们看待达尔文的成就也会更加全面。对《物种起源》略加批判、严加审视并不是不尊重达尔文的成就。这种审视之下，我们会发现这本伟大的著作并非页页出色，处处精彩。

其中一个缺点是达尔文一直为没有将《物种起源》再多写两倍篇幅而道歉。“现在发表的这篇摘要一定瑕疵众多，”他在绪论中写道，“对于文中几个陈述，我还不能提供权威的参考资料。”他在之前写给朋友的信中也曾焦躁不安，说了类似的话：“呜呼，呜呼，我那本书真是讨厌至极，不过是一篇摘要而已，压缩了内容，叙述也不完全，却让人痛苦万分。”但是现在，他不仅为此私下烦恼，还虚伪地公开抱怨。“非常遗憾，由于篇幅有限，”他在第二页写道，“我不能一一感谢各位的慷慨相助……”“如果篇幅充足，”他在后文中说，“我会引用不少相关文段进行说明。这些引证文段皆出自能力卓越的权威人士。”后来，他提出了另一个观点：“……但是此处没有足够的篇幅细谈这个问题。”如此看来，“篇幅有限”真的是个问题？

事实上并不是这样。达尔文可以自由支配任何内容的写作篇幅。之前的确存在页数限制，这一点不假——他创作《物种起源》的最初几个月里设想这篇摘要将作为期刊文章发表。后来，他写作时超出了文章的篇幅，于是转变策略，决定写一本书。

1858年末，他完成了一半，预测全书会有400页，后来修订时又粗略地估计为500页。出版商约翰·默里从未明确限制他的写作篇幅。但在1859年出版的书中，他却不停地抱怨自己强加的限制。“我会用一连串事实加以说明……”但他并没有这样做。“这些难点将在之后的作品中详加讨论……”但是之后的作品——那本大部头，从来没有面世。针对蜜蜂造巢，他写道：“如果篇幅足够，我会证明这与我的理论相符。”纵览全书，他不断重复抱怨：很遗憾，不能阐述细节，也许之后能详细叙述。发出抱怨之前，他总是借口说：篇幅有限。究竟是什么让达尔文如此耿耿于怀？

不是篇幅不足，而是时间有限。达尔文被华莱士催稿催得压力极大。他知道自己耽搁多年，拖得实在是太久了，而现在又急于出版。但是为了尊严，他羞于承认。

《物种起源》还有一点十分奇怪，即他的“长篇论证”在多大程度上依赖于概率和个人证明。如果合理考虑其哲学语境——当时盛行归纳科学，惠威尔之前曾对此加以概述——这不应该算作本书的缺点，而应视为优点。达尔文没有主张用自然选择证明进化论的真实存在。事实上，他很少使用“证明”一词，即使用了，通常也是用作负面词语，含糊地承认模棱两可的内容。比如，谈及胚胎学可以窥见进化谱系这一想法时，达尔文说：“这个观点可能正确，但可能永远不能得到充分证明。”再比如，人们有时断言野外变异有严格的界限，达尔文对此表态：“这个说法不能完全得到证明。”更重要的是，达尔文明白正规的归纳科学（在他写作时，归纳科学已被视为达到了某种理想状态）永远不可能像数学一样逻辑严密、毫无疏漏地进行证明。他没有说要证明自己的宏大理论，而是不断增加证据，说服读者接受。这样一来，他就能证明自己的假设解释的数据更多，联系更密切，比其他的替代性假设更有可能成立。在此过程中，达尔文作了不少陈述，比如“我认为很有可能”“我相信”，并以一名和蔼可亲、思想公正的英国绅士的身份支持这些证据，表明这些结论大概正确无误。

这一点涉及进化论和创世论之间的冲突。虽然事实十分枯燥，但是进化论的捍卫者，以及在公立学校教授进化论的教师，在面对宗教的政治挑战时最好能将此牢记于心。认识论和生物学虽然复杂，但人们不应在争论中迷失。人们的确不能证明在自然选择机制主要的推动之下，所有物种都由共同的祖先进化而来，查尔斯·达尔文本人也没有宣称人们能够证明。根据达尔文收集的证据和后来补充的证据，这种对生物世界的解释很可能是正确的。其他的解释要么在生理上没有足够的因果关联，要么属于宗教言论，在科学上毫无意义，因为无法验证反例。

除了这些没有百分百确定的说法，《物种起源》还存在一些显而易见的遗漏。我之前曾提到，全书没有使用“进化”（evolution）一词。这个词在1859年不受大众认可，与某种神秘的展开形式有关。自然选择作用于变异，其来源至关重要，但全书没有对变异的来源作出合理的解释，也没有明确声明变异是偶然发生的还是以某种方式定向引发的。“随机”这一形容词没有出现在书中，达尔文也承认变异产生于“偶然”的说法具有误导性。不过，他确实暗示了变异没有方向。尽管达尔文关注性状分歧的本质，但对物种形式（有别于适应性的形式）的关系并没有表述得很清晰。一个物种的两个种群如果出现了性状分歧，那么什么因素能让它们不可逆转地分裂成两个物种呢？全书也没有深刻理解遗传机制——而这关系到被选择的变异如何传递。最后一点，这本书没有明确断言人类与猿拥有共同的祖先。

书中没有遗漏后天特征可以遗传这一点。虽然人们有时认为这个观点等同于拉马克学说，但其提出实际上早于后者，也比法国的其他主张更有吸引力。达尔文的表述十分简单，听起来既具体又合理——“用进废退”（effects of use and disuse）。

“我认为，毋庸置疑，家养动物的某些部位在不断使用中得到了强化，”他在《物种起源》中写道，“没有使用的部位逐渐消失。这种变化可以遗传。”此外，他认为这种特征不仅表现在家养动物身上，也表现在野生动物身上。“我认为，一些无翼鸟如今或近来栖息在海岛上，不受猛兽追捕，其无翼形态即为长期弃用翅膀的结果。”他认为毛里求斯的渡渡鸟、新几内亚的鹤鸵、澳大利亚的鸸鹋和几维鸟的翅膀都因这一法则发生了变化。要么使用，要么弃用。在达尔文看来，这与他理解的拉马克的观点不同，长颈鹿不能想让脖子变长就让脖子变长；但为了吃到高处的食物，长颈鹿会伸长脖子，而增长的长度可以遗传（他的这个观点是错误的）。同理，铁匠的肌肉也是如此。达尔文相信，个体生物可以借助自身努力和习惯获得有所改善的身体结构，也可以将这些得到改善的部位传给后代。

《物种起源》首次出版时，其混淆之处和遗漏内容表明一些未竟的科学事业亟待达尔文及他的追随者和继任者研究。他本人也清楚自己匆匆写就的这本书并不完美。虽然他预见了一场博物学革命，但也认识到这份“摘要”不是最终宣言，而是一篇开场白。他知道进化生物学研究刚刚起步，打算参与其中，促进其发展进步。为了理解变异、解释遗传，他仍在不断努力。他也计划讨论人类起源这一热门话题。

与此同时，这本书让他声名大噪——比作为传统的博物学家和作家还要出名——也让他饱受争议。这本书被译为多种语言（有些译文不堪卒读，乱说一通），在国外出版了诸多授权和未授权的版本，得到了人们的广泛阅读，也收到了大量的赞扬和谴责。为了扩大市场，默里出版了普及本，谈论此书的人远远超过了实际的阅读者。在达尔文的一生中，仅英文版《物种起源》就售出了大约2.5万册。“达尔文去世之后，《物种起源》才真正大获成功，”集注本编辑莫尔斯·佩克汉姆说，“美国盗版者因此所获的利润一定不计其数。”《物种起源》的销售数据和全球影响力都难以统计。1977年出版的一份书目清单记录了《物种起源》的425种版本（不含各版本的再版），其中包括4种匈牙利语版本、2种希伯来语版本、2种罗马尼亚语版本、2种拉脱维亚语版本、4种韩语版本、1种印地语版本和15种日语版本。首次出版后的十几年里，达尔文不遗余力地修订、推广此书（邮寄了不少赠书），注重读者反响（此言非虚，他会阅读评论），积极参与（以写信为主）由本书引发的科学讨论。这本书在某些方面成就非凡，但也有许多失败之处。它让进化合理化，但也让许多科学界同仁难以接受自然选择机制，更不用说普通读者和宗教批评家了。自然选择的概念仍然太过广大、恐怖与残酷。

不管怎样，《物种起源》是达尔文对自己理论的最终陈述，既有伟大之处，也有缺陷不足，以1859年版的观点最为新颖，陈述最为大胆。虽然他不时想动笔完成《自然选择》这本百科全书式的著作，但这本大部头从来不曾将《物种起源》取而代之。他不断修改之后的五版《物种起源》，虽然有时会改进内容，但更多的时候是添加一些混淆之语和不必要的内容，采取更为谨慎的表述。到1869年，他似乎已经厌倦。“如果我能再活20年，依然有能力工作，我又何必要不断修改《物种起源》呢?”他对至交胡克袒露心扉，接着，换了个语气，坚定地说：“各个观点需要修改的内容真是不可胜数!”但是他没能再活20年，也没有如此期盼。所以，他叹了口气：“好吧，这本书是个开始，不容小觑……”

这本书确实了不起——虽比不上他想写的那本大部头，却足以引发不小的轰动。

最合适的理论

The Fittest Idea

1860 年后

36

时至今日，大多数人仍然没有认识到自然选择——达尔文最伟大也最令人不安的学说——受到进化生物学家长达五六十年的冷眼相待。大多数人认为所谓的“达尔文革命”始于 19 世纪后期，发展相对迅速，很快就取得了胜利。但事实并非如此，这场混战起起伏伏，持续了几十年。

人们争论不休的主要问题有两个：（1）进化发生了吗？（2）自然选择是主要的因果机制吗？这两个问题的争论几乎完全独立。《物种起源》出版后不久，尽管一些宗教领袖和信仰虔诚的科学家倍感震惊、强烈反对，但人们还是普遍接受了所有物种（甚至包括人类）拥有共同祖先的想法。尽管达尔文在全书前半部分小心论证，但他对因果机制的假设论证却没有如此谨慎。进化论与威廉·佩利于 1802 年提出的自然神学相矛盾，诚然，二者的确相悖。佩利的自然神学想法天真，属于近代科学发展前的观念，已经不合时宜（但在美国，该理论在 20 世纪后期摇身一变为“智能设计论”，重新流传开来），物种以某种方式接二连三进化的想法很快就取代了上帝创造所有个体的观念。自然选择逐渐动摇了神创理念，影响更为深远。“神圣的造物主创建了支配宇宙的法则，唤起生命，让物种能够随时间变化，随后——在某个神奇的时刻——往灵长类动物身上注入了某种独特的心灵维度，这个物种后来（自命）为智人。”进化可以与上述想法并行不悖。另一方面，自然选择似乎又将这种观念排除在外。总之，如果像查尔斯·达尔文一样认真苛刻地看待自然选择，那么它确实排斥这种观念。

问题的关键并不在于自然选择概念本身，而在于其作用的对象——变异。是什么导致了亲子代间的细微差异？又是什么造成了竞争个体间微小的不同？正是这些细微差异为产生适应性变化提供了原材料。是什么法则控制了它们的特征、分布范围和发生频率？变异完全是随机的，还是局限于生理上的可能性？抑或是变异可能由更高的存在指引，朝特定的目的发展？如果变异是随机的，那么它在生命世界也就不存在使命性（科学哲学家称之为目的论①）。使命消失了，无影无踪。

哇！这是朝黑暗迈出了一大步。生死景象如此壮观，其背后没有一个更高的使命吗？赫歇尔的“谜中谜”——新物种的诞生——也不存在更高的使命吗？从原始软泥到人类、由简单走向复杂的过程中产生了适应性和多样性，其背后也没有更高的使命吗？这些暗示让19世纪达尔文的读者难以接受，时至今日仍然让人难以认可。但是，“广义上来说，不存在使命”的说法抽象冷漠，并且这还不是自然选择最让人不安的地方，由其推导出的另一个结论更为尖锐——人类失去了其作为上帝选民的特殊地位。

在进化历程中诞生的人类会有一个辉煌的结局吗？从某种意义上说，人类是独一无二的吗？神有没有预见人类正在向他走去，将来总会以某种方式抵达他所在之处？人类仅仅是有史以来适应性最强、大脑最发达、最为成功的灵长类动物吗？这些问题

---

① 目的论（teleology），用目的或目的因解释世界的哲学学说，认为某种观念的目的是规定事物存在、发展及其相互关系的原因和根据。

的背后蕴含了一个更深层的变异问题（自然选择正是通过变异塑造了智人）：人类的起源是什么?

达尔文在《物种起源》中提出，变异是为了应对“生存条件”，即外部压力，比如严峻的气候、食物短缺、栖息地干扰，这些外部压力以某种方式扰乱了生殖系统。这是个经过深思熟虑作出的猜测。他在书中其他部分承认：“我们对变异的法则根本一无所知。亲子代间的各个部分存在着或多或少的不同点，对此，我们完全没有把握假装自己找到了某种解释，即使分析上百次，也想不出一个解释。”学者们注意到这个缺漏之处：达尔文的理论取决于变异，但《物种起源》没有很好地阐述变异的起源。达尔文不知道变异从何而来，也不知道它如何而来。那时，没有一个人知道。

尽管达尔文对变异的来源迷惑不解，但他极力暗示：总体而言，变异没有方向。也就是说，变异可以随意出现在各个地方，漫无目的，毫无针对性。这一点至关重要，达尔文有关于此的措辞也十分微妙，尤其值得注意。早在1844年，他就为该理论写了长达189页的草稿，在那份未发表的文稿中写道：变异“不会以确定的方式”发生。在此之前，他曾在笔记里把变异描述为“偶然事件”。他在《物种起源》中写的是“偶然”变异，紧接着又在书中其他部分指出，“出于偶然”这一表述并不准确，这么说只是为了言语方便，“坦率地承认我们对于变异的来源一无所知”。他的意思是说，这个表达是错误的，因为变异的确存在生理来源，只是没有既定目的罢了。比如，他认为干旱可能会提高物种的变异率，但不一定会产生提高耐旱力的特定变异。或者说，干旱可能不仅促使生物产生了提高耐旱力的变异，还使其产生了另外五种无用或者有害的变异。如果是这样，则自然选择趋向于保留耐旱的变异，倍增其数量。选择是有方向的，为选择提供原材料的变异则是没有方向的。

但是，如果变异没有方向，自然选择只对生物个体生存繁殖的适应度进行调整，那么人们是不是就有可能相信上帝以他的形象和喜好创造了人类，只赋予了人类心灵，而没有给适应性最好的兰花或藤壶心灵？大概不是这样。这中间确有无法轻易消除的矛盾之处，但有一点必须明确：这不是进化论与上帝之间的对抗。达尔文的进化论质疑的并不是上帝的存在——无论是主观上的神还是抽象的神，无处不在的神还是遥远的神。它质疑的是所谓的人之神性——人类不仅凌驾于所有其他生命之上，而且心灵崇高，受神眷顾，拥有不朽的非物质性本质，如此一来，人类得以获得永恒的特殊前景，在上帝的期望中占据特殊地位，在地球上拥有特殊的权利，承担特殊的责任。这正是达尔文的学说与基督教、犹太教、伊斯兰教的精神的冲突所在，或许也与世上其他大多数宗教的精神相矛盾。

维多利亚时代的科学家们清楚地看到了达尔文的质疑，因此对《物种起源》心生厌恶。比如剑桥大学性情乖戾的教授亚当·塞奇威克，他曾在“小猎犬”号航行之前教授达尔文野外地质学。理查德·欧文曾在实验室研究大猩猩解剖学，因达尔文暗示“人类可能是某种变形的猿类”而对达尔文讥讽嘲笑。圣乔治·杰克逊·米瓦特①曾是赫胥黎的学生，改宗天主教，是一名狂热

① 圣乔治·杰克逊·米瓦特（St. George Jackson Mivart，1827—1900），英国著名动物学家、英国皇家学会会员。

的进化论者，但他一直对自然选择持回避态度，意见犀利，提出了某种“固有内在力量”驱动了进化的见解。米瓦特补充说，物种的生理演变依次发生，无论其原因是什么，都绝不能用来解释人类的思想和灵魂，这一点进化论绝不可触及。这些批评人士没有受眼前的危机所蛊惑，也没有过分恐惧。他们可能没有领会达尔文理论中的细节，并在书面上讽刺了他的理论，但是，他们也没有误解其中深意。自然选择作用于无定向的变异——这一理论含蓄地否认了人类的特殊地位，让与达尔文同时代的人极度悲痛，不仅宗教领袖和圣经阐释者痛苦不堪，科学界同仁也不例外，比如哈佛大学植物学家阿萨·格雷、昆虫学家托马斯·渥拉斯顿（Thomas Wollaston）、达尔文的老友兼顾问查尔斯·莱伊尔。他们因此万分痛苦。这也是埃玛·达尔文与敬爱的丈夫在哲学上无法达成一致的根源所在，她为此默默忍受了45年。

深刻的科学见解从未如此直接地与宗教教条相冲突。这个问题比人类和猴子是否拥有共同祖先还要宏大，关乎人类、猴子、龙虾、蒲公英等生物，涉及所有生物是不是都没有神授之命的问题。简单来说：到底有没有灵魂？有没有来生？人类是不是心灵不朽，在精神上与鸡和牛不同，还是说人类只是一种短暂存在的生命体？

今天，人们往往会忽略达尔文理论背后暗含的这个可怕的质疑。在有神进化论的影响下，所有的宗教信徒都认为他的理论毫无危险。但是，自然选择提出时震惊世人，新意十足。现在，大多数人都没有意识到在1882年达尔文去世以及之后大概60年的时间里，他的解释机制遭到了人们强烈的怀疑与抵制，后来被大众排斥。与此同时，进化论者们也一直在探寻不那么招人反感的解释机制。

37

最早对达尔文的理论提出严肃批评的人中，有一位名叫威廉·汤姆森[①]的苏格兰数学家和物理学家，即后来著名的开尔文勋爵。1866 年，汤姆森计算了地球形成和硬化以来的时间，以此为基础发表了一篇简短的论文——《对地质学“统一学说”的简短驳斥》（*The “Doctrine of Uniformity” in Geology Briefly Refuted*），这篇文章只有一段话，在“简短”一词上做文字游戏，以表轻蔑，同时断言尘世间的历史比一些人想象的要短。莱伊尔的均变论认为，地质演变需要经历缓慢、持续的运动，时间极其漫长。因此，汤姆森主要抨击的就是莱伊尔。接着，达尔文的学说——自然选择下缓慢、持续的进化——也受到了人们的质疑。汤姆森假设地球诞生于一团从太阳吸出的熔融物质，一边向寒冷的太空辐射热量，一边以确定的速度冷却。考虑到炽热的岩浆核心仍然存在，他认为地球的年龄大概不超过 1 亿年，如此一来，根本没有足够的时间进行莱伊尔学说中缓慢渐进的运动，也不可能完成如此巨大的地质演变。达尔文的理论以莱伊尔的地质学为基础，自然也让他不安。达尔文认为所有生物经过自然选择形成现在的样子，需要“无限漫长”的时间，1 亿年远远不够。

---

① 威廉·汤姆森（William Thomson，1824—1907），苏格兰数学家和物理学家，电磁学和热力学先驱，提出了“绝对零度”概念，大西洋海底电缆的创造者。

几年之后，汤姆森考虑了其他的因素，重新计算，将地球年龄修正为更小的数字，对自然选择步步紧逼。汤姆森说，地球从形成到硬化的时间应该是 3000 万年，或者可能只有 1000 万年。地球的固态地壳有可能像汤姆森说的那样年轻吗？如果你想把整个缤纷多彩的生命界——以沉寂的前寒武纪为起点，历经寒武纪的物种大爆发、志留纪的三叶虫和泥盆纪的菊石①、恐龙的兴亡、哺乳动物的兴衰，再到某种特定猿类有趣的发展——解释为微小的不定向变异在自然选择下的结果，那么汤姆森的推测就是错的。反之亦然：如果你接受了汤姆森的推测时间，那就必须否决达尔文的假设。1868 年，汤姆森明确发文反对达尔文的理论，尽管没有反驳物种演变的本质，但他告诉人们时间上的限制似乎“足以反驳发生在‘自然选择，后代渐变’中的物种演变学说”。

达尔文向阿尔弗雷德·华莱士抱怨汤姆森“可恶至极，阴魂不散”。修订第五版《物种起源》时，他把“无限漫长”删写到只剩一个“长”字，这个妥协极为勉强。他还插入了几句话，承认测算地球时间很难，也承认“我们无法确定改变一个物种需要多长时间”。达尔文的信心受到了考验，但没有受到打击。他可以作出调整。

另一个负面评论来自工程学教授弗莱明·詹金（Fleeming Jenkin），此人后来成为汤姆森的商业合作伙伴。《英国北方书评》（*The North British Review*）于 1867 年刊登了詹金对《物种起源》的长篇评论，批评了达尔文在逻辑判断上的几个错误，其中一个错误与遗传有关，最值得人们关注。詹金假设在有性繁殖中，种

---

① 菊石（ammonoid），远古海生无脊椎动物。

系混合会让生物特征按相应的比例混合，这种假设在那个年代并不罕见。如果一个白人和一个黑人结合，他们孩子的肤色会介于黑白之间。如果长颈鹅和短颈鹅交配，雏鹅会是中颈鹅。如果白花植物与红花植物杂交，它们的后代会开出粉红色的花。是这样吗？不一定。人们现在把这种现象称为“融合遗传”（blending inheritance），对真实发生的事情作了不正确的简化。但是，融合遗传听起来十分合理，詹金正是以此为前提进行论证，而达尔文没有其他更好的遗传理论回应詹金的质疑。

詹金试图表明这种融合对达尔文理论是致命的。诚然，微小的有益变异可能会提高某些个体的繁殖成功率，但詹金认为，这些变异并不能在杂交过程中完好地遗传下去，而是会在每一代中稀释一半（假设亲代中只有一方携带这种新特性），不断融合之下终会消失。“弗莱明·詹金给我带来了很多困扰。”大约在写完第五版时，达尔文向胡克透露，早在1838年，他就在物种演变笔记C中预先提到了融合遗传的问题，那时他正在模糊地思考“恢复亲代形态的倾向”。如今，达尔文尽其所能地回应了詹金的异议，强调种群中极少数个体的单一变异不同于许多个体同时出现的变异。对于后者而言，变异的个体有可能两两交配，变异不会在融合中轻易消失。

这是他情急之下的模糊回应，不是很有说服力。对于詹金的批评，还有一个更好的回答。但直到格雷戈尔·孟德尔的遗传研究重见天日，这个回答才问世。

对自然选择学说最不怀好意的言论出自阿尔弗雷德·华莱士，这时距离他们联名发表论文已经过去了十多年，所有批评人士中数他最不友善。那时，华莱士从东方回到英国已经七年了，写了一本涵盖旅行报告和博物学的巨著——《马来群岛》（*The Malay Archipelago*，1869 年）。他与达尔文的友谊有所巩固，却从来没有像胡克或福克斯一样成为达尔文的密友，但作为一名科学界人士，他的身份非常特殊——那个臭名昭著理论的共同发现者和捍卫者。除了达尔文，没有人比华莱士更了解自然选择，也没有人比他对该学说的应用更有说服力。事实上，他有时甚至比达尔文还要狂热。华莱士从某些特定的实例——比如雄性雉鸡华丽的羽毛——中发现了自然选择的作用，而达尔文认为这些实例源自另一种因果机制。达尔文将其解释为性选择，即异性不可抑制地偏爱某些特征，是这种偏爱而不是生存的必要条件催生了这些不必要的复杂修饰。尽管华莱士对自然选择理论作出了巨大的学术贡献，但他显然不急于维护自己的作者身份。他在《马来群岛》一书中几乎没有提到自然选择，之后又在书中态度谦虚、近乎害羞地说这是"达尔文在著名的《物种起源》中阐述"的观点。一年后，他重新刊印了林奈学会的论文、1855 年的法则论文和其他几篇文章，收录在《对自然选择学说的贡献》（*Contributions to the Theory of Natural Selection*）中，这一书名似乎反映了他对自己的看法：达尔文突破性理论的贡献者。一直等到 1889 年华莱士才出版了一本自然选择理论的全集——《达尔文主义：自然选择理论及其应用》（*Darwinism: An Exposition of the Theory of Natural Selection with Some of its Applications*），从中可以看出他舍弃了作为自然选择理论共同提出者的荣耀。华莱士是个思想独立的人，他始终忠实地甘居达尔文之下，奉其理论为上。但是，也有为数不多的几次例外，其中最著名的一次发生在 1869 年初，他在某个关键问题上提出异议，称自然选择不能用来解释人类的大脑，这一举动十分出人意料。

华莱士的观点与自然选择背道而驰，这也许反映了他回到英国后在生活和兴趣上发生的变化。他迷上了招魂术，成了狂热的信徒，开始参加降神会，冲动的热情不输从前。在一次与灵媒的诡异对话中，他听到死去的弟弟赫伯特突然从天外传来一声别有深意的问候。当时，招魂术将庸俗的玄学、人们对逝去亲人的怀念和（电视问世前的）室内娱乐活动融为一体，因此备受世人欢迎。一些科学家认为这种风尚无伤大雅，或者将其视为胡言乱语，态度轻慢，但阿尔弗雷德·华莱士认为招魂术为人类学拓展了新维度。虽然从传统意义上来说，华莱士并不信教，但他推断世界上不只存在物理上的因果联系。直到1869年4月他在《季度评论》（*The Quarterly Review*）上刊登了一篇文章，才公开反对自己从前的观点，这篇文章主要针对莱伊尔的地质学，但文中也刻意偏题谈及自然选择。他写道，自然选择机制不可能造就人类的大脑，更不用说塑造“人类的道德和高等智力”。他也指出，生物界当然受法则支配。而现在他更倾向于相信，为了孕育更加崇高和奇妙的人类能力，“某种凌驾于万物的智慧在监督这些法则运行其间，从而为变异指定方向，决定变异的积累”。

达尔文知道这篇文章即将发表，在刊登前一个月告诉华莱士：“我对阅读《季度评论》不胜好奇，希望你没有将你和我的孩子完全置于死地。”他的语气既紧张又轻松。结果，事态发展和他担心的一样糟：知识分子用智能设计论杀死了这个孩子。正如达尔文最初的设想，华莱士可能也这么想，如果存在“某种凌驾于万物的智慧”引导变异走向既定的使命，否认变异的偶然性，那么自然选择就毫无意义。达尔文在那篇《季度评论》文章的页边空白，潦草地写下了“不!!!”。

38

19世纪后期的生物学家对自然选择学说的出现感到不安，在此影响之下，他们抛却了普遍接受的进化论，转而探寻其他的解释机制。一些生物学家回顾过往的理论，将目光投向法国，复兴拉马克学说。一些生物学家接受了其他的进化理论，这些理论虽然在细节上有所出入，但共同点众多，可以归为两类：“直生论”和“突变论”。19世纪八九十年代，达尔文名声大跌，三种学说（直生论、突变论和复兴的拉马克学说）大受欢迎。进化史学家彼得·J. 鲍勒（Peter J. Bowler）以优美的文笔写了几本书描述这些趋势，其中一本为《达尔文主义的衰落》（*The Eclipse of Darwinism*）。鲍勒的研究纠正了一个误解：人们曾认为《物种起源》出版后，查尔斯·达尔文仿佛乘上一辆熊熊燃烧的双轮马车，向荣耀驶去。然而事实并非如此，他停在了轨道侧线上。

新派拉马克主义者并不完全反对达尔文的宏大理论，但他们认为达尔文的理论意义不大。好吧，他们承认，也许自然选择在对适应性的细微调整上的确发挥了一点无足轻重的作用，但是，自然选择既不能解释变异的起源，也不能解释急剧变化的进化模式和趋势。他们有选择地吸收了拉马克主义，基本忽略了拉马克学说中一些让人困惑的概念，比如“微妙的液体”和“存在感”等。在拉马克众多的理论中有两个尤其受青睐：获得性遗传，以及各独立谱系在由简单到复杂的过程中的平行推进（即拉马克对生物多样性做出的牧草模型，与分枝树模型相对）。他们强调，环境条件在诱发以需求为导向的变异（不是达尔文的不定向变异）中起到了重要作用，因此这些变异可以遗传。他们也倾向于认为，进化的长期趋势是直线式的，由环境条件诱发，受生物习性和产生习性的遗传驱动。动物头上的角在物种演变的数百万年里变得越来越大，这是因为它们会在争斗中用角作武器。化石记录也提供了这种直线式发展的例子。据推测，这些化石不只表现了生物个体在当时的适应性需求，还表现了整个谱系演变历史中的内在趋势。环境的直接影响解释了小范围的变化和适应性，而持续的习性或某种神秘力量推动了长期的趋势。

然而，新派拉马克主义者的观点并不完全统一：古生物学家注重长期的直线趋势；野外博物学家和实验室研究员更倾向于认为，或者臆想自己看到了获得性遗传。该学派在美国势头强劲，博物学家小阿尔菲厄斯·S. 帕卡德（Alpheus S. Packard, Jr.）称之为新拉马克学说。

同时代颇有影响力的新派拉马克主义者都受过路易斯·阿加西的栽培，帕卡德也不例外。博物学家路易斯·阿加西生于瑞士，在哈佛大学担任教授，掌管哈佛大学比较动物学博物馆，威严赫赫。他成就非凡但性格顽固，信奉本质论，憎恶进化论——尤其憎恨达尔文的观点，一直坚持自然界物种神创，井然有序。阿加西的动物学理论与威廉·佩利的自然神学如出一辙。他的一些学生思想更为活跃，比如帕卡德，基本突破了学派上的限制，接受了进化论，即便如此，他们也传承了阿加西的态度，十分厌恶达尔文冷漠生硬的自然选择机制。帕卡德研究马蹄蟹[1]时看到了他所认为的拉马克现象，接着又研究了肯塔基州猛犸象洞[2]里的盲虫和其他生活在黑暗中的动物，他总结道：这些动物没有视觉（有些动物甚至连眼睛都没有）是因为它们不使用眼睛，视觉器官萎缩，而萎缩的器官又遗传了下去。尽管达尔文也承认用进废退属于次要因素，但猛犸象洞的例子让帕卡德领会到了“现代意义的拉马克主义”。在他看来，这一解释“比达尔文的学说更接近真理，比自然选择更合适”。

一位美国古生物学家与帕卡德同名，也叫阿尔菲斯（单看名字，得用记录卡才能区分二人），他的全名为阿尔菲斯·海厄特（Alpheus Hyatt），同样求学于哈佛大学，师从路易斯·阿加西。通过研究菊石和其他无脊椎动物化石，海厄特得出结论：进化是一个不断积累的发展过程，在这个过程中，新的成年特征在原有的发展序列上不断积累。海厄特认为，积累这些特征需要以某种方式把较为原始的特征压缩到更早的胚胎阶段。人们后来称之为“加速法则”（the law of acceleration），表明早期阶段的快速成长有助于成年期增加复杂特征。这些新产生的复杂特征从何而来？一番犹豫之后，海厄特接受了拉马克的观点：这是为了应对环境压力做出的适应性调整，作为习性习得，之后遗传下去。

美国古生物学家爱德华·德林克·科普（Edward Drinker Cope）从事脊椎动物化石研究，也独立研究出了加速法则。同海

---

① 马蹄蟹（horseshoe crab），即鲎，海生节肢动物，形似蟹，身体呈青褐色或暗褐色，包被硬质甲壳，有四只眼睛，其中两只是复眼。与三叶虫一样古老。

② 猛犸象洞（Mammoth Cave），世界上最庞大的洞穴体系，到目前为止洞穴中已探明的隧道长约663千米，1981年被列入《世界遗产目录》。

特一样，他在化石序列上发现了长期的直线趋势——新的定向饰变会在更为古老的生物形态上持续积累，无独有偶，他也认为这一现象的最佳解释是应对环境作出的获得性遗传。1877 年，柯普出版了《适者起源》（*The Origin of the Fittest*），把达尔文的书名和赫伯特·斯宾塞的名言（适者生存）结合起来，以指责达尔文没有深入研究这一主题。与阿尔菲斯·帕卡德一样，阿尔菲斯·柯普也认为自然选择可能发挥了某种淘汰劣等个体的作用，但他认为自然选择无法解释变异的来源，因此在重要性上至多排在第二位。在他看来，拉马克学说能够对此作出解释。

早在 1852 年，赫伯特·斯宾塞就曾在英格兰支持进化论（他称之为“发展假说”），这时距离达尔文出版《物种起源》还有七年。斯宾塞不是生物学家，他做过记者，后来成为著名的大众哲学家，他的进化论思想来自莱伊尔对拉马克学说不屑一顾的描述（这使他坚决支持拉马克）和当时的神秘畅销书《自然创造史的遗迹》。他写的进化论脱离了达尔文大量的实证细节，内容浮夸，晦涩难懂。他将进化引入了政治哲学和社会学，相关著作因此无比空洞，毫无价值，他鼓吹自由放任的个人主义，将其同进化演变理念相联系，尤为不着边际，然而这些书十分畅销。一些学者称赞（或是指责）斯宾塞发起了“社会达尔文主义”（实为误解）的思想运动，他的思想借由其著作传到美国，确切来说，是在 1882 年的一次个人访问中将该思想带到了美国。“钢铁大王”安德鲁·卡内基通过阅读斯宾塞和达尔文的作品发现残酷的竞争是构建自然界的法则之一，从中得到了某种美好的安慰。那时，斯宾塞已是一名新拉马克主义者，也可以说是一名社会新拉马克主义者。一边是无定向变异的自然选择，一边是抗争中形成的获得性遗传优势，要在二者之间进行选择，后者显然更加符合他对自我发展的看法。为了野心家和他们的子孙，继续前进，继续向上吧！达尔文过世 11 年后，斯宾塞在《自然选择的不足》（*The Inadequacy of Natural Selection*）一文中明确表述了这一点。

在英国和欧洲，引人注目的新拉马克主义者还有古生物学家阿瑟·登迪（Arthur Dendy）、能言善辩的说客和小说家塞缪尔·巴特勒（Samuel Butler）、神职博物学家乔治·亨斯洛（George Henslow，曾写过一本书介绍植物应对生存条件的“自我适应性”）、海洋生物学家约瑟夫·T. 坎宁安（Joseph T. Cunningham，研究了比目鱼的颜色变化）、俄国贵族彼得·克鲁泡特金（Peter Kropotkin，认为动物之间的合作是可遗传的习性，这可能比自然选择更重要）、C. E. 布朗-塞卡尔（C. E. Brown-Séquard，以在豚鼠身上做诱发遗传性癫痫实验而闻名）和动物学家西奥多·艾默（Theodor Eimer）。截至 17 世纪 80 年代末，塞缪尔·巴特勒洋洋得意地说，几乎每一期的《自然》杂志（*Natural*，由达尔文志同道合的同仁创办于 1869 年）上都有关于拉马克遗传理论的内容。

西奥多·艾默是德国图宾根大学的动物学教授，在新拉马克学说与直生论——另一种非达尔文主义思想，该名称由艾默普及开来——的过渡阶段中起到了举足轻重的作用。职业生涯早期，他在卡普里岛（Capri）研究蜥蜴属（Lacerta），后来研究蝴蝶翅膀的颜色图案。他写过两大卷的进化著作，第一卷《生物进化》（*Entstehung der Arten*，之后不久该书英文版面世，译为 *Organic Evolution*）发表于 1888 年，将拉马克的获得性特征同自己的某个观点相结合，该观点主张体内的“生长法则”（laws of growth）决定了获得的特征，也决定了长期的进化方向。就某些性状而言，这种进化方向可能是中性的，也可能对适应性不利。“直生论”一词意为生长在一条直线上，暗示了某种内在的倾向，这种倾向与生物当前的需要无关，会随着后代的发展越来越极端。这种观点受到古生物学家（包括美国的科普和海厄特）的认可，解释了化石记录中的某些直线趋势—— 一些化石不仅不符合适应性的要求，而且还会破坏适应性。爱尔兰麋鹿——大角鹿就是一个著名的直生论例子。大角鹿的角硕大无比，这似乎注定了大角鹿的灭绝。艾默在蝴蝶身上也发现了类似的现象。彼得·鲍勒说，通过研究鳞翅目，他确信，“实际上，直生进化的过程早就由内在的倾向所决定，朝着特定的方向变化”。

“内在的倾向”如何解释？无论是艾默、海厄特、科普，还是其他人，都没有提出任何机制来解释这个惊人的运行过程。但比起达尔文的自然选择，他们似乎更满意直生论。艾默的第二卷书于1897年——不久他就过世了——出版，德语标题极其拗口：*Orthogenesis der Schmetterlinge：ein Beweis bestimmt gerichteter Entwickelung und Ohnmacht der Natürlichen Zuchtwahl bei der Artbildung*，可译为《蝴蝶直生论：物种起源中明确的定向发展和自然选择不足之处的证明》（*Orthogenesis of Butterflies：A Proof of Definitely Directed Development and the Weakness of Natural Selection in the Origin of Species*）。

人们可能会问：如果存在“明确的定向发展”，那么是什么决定了这种方向？西奥多·艾默和其他直生论者认为：这不由上帝决定，也不由适应性的必要性决定。

突变论是指进化呈跳跃式发展。达尔文在《物种起源》中援引了自认为可靠的古老格言“自然从不飞跃”（Natura non facit saltum)，明确否认了这一观点。他写道，自然不会飞跃，的确如此，因为自然选择“一定是以最短、最慢的步伐前进的”。赫胥黎不认同这一点，他认为自然界是在微小的飞跃中发展的，担心达尔文为自己的理论带来不必要的困难。19 世纪 80 年代后期，英国动物学家威廉·贝特森①认可赫胥黎的观点，不满达尔文的渐进主义，他放弃了实验室研究方法，转而前往中亚大草原实地考察，在这之后，更加坚定了自己的想法。贝特森认为既然物种逐个产生，并不连续，那么产生的变异也可能不连续，进一步来说：不连续的变异即为进化。贝特森认为，如果变异发生在突然的大飞跃期间，这些飞跃有时会产生新的物种，那么自然选择不一定要发生。大约同一时间，通过研究月见草（Oenothera lamarckiana）的不连续变异，荷兰植物学家雨果·德·弗里斯（Hugo De Vries）也得出了同样的结论。德·弗里斯用了一个旧词来描述这种突然的重大变化，称之为“突变”。截至 19 世纪 90 年代末，许多进化生物学家认为达尔文定义的自然选择——微小的不定向变异导致了不同的繁殖成功率，为适应性的产生和性状分歧提供了机制——是一个错误的猜测。他们承认，在其历史背景之下，这个想法十分有趣，与众不同，达尔文以此让世界看到了进化。也许自然选择确实发挥了一些微小的次要作用，也许什么作用也没有。与它相左的论据实在数不胜数，比如詹金的融合遗传、汤姆森推测的地球年龄。新理论层出不穷，比如突变论；旧理论也有新阐释，比如拉马克主义：这些想法直观上更有吸

---

① 威廉·贝特森（William Bateson，1861—1926），英国遗传学家，剑桥大学圣约翰学院研究员，第一个使用“遗传学”一词来描述遗传和变异规律的人。

引力。

但是，像达尔文的理论一样，这些理论也不无缺漏：对遗传没有清晰的理解。例如，19 世纪最后几年，雨果·德·弗里斯开始撰写进化论著作《突变学说》(*Die Mutationstheorie*)，虽然书中大胆解释了新物种的突然诞生，但几乎没有阐述遗传和渐进变化的常规运行。第一卷快要完成时，一位同事给他寄了一个小包裹，附有一张纸条，上面写着："得知你正在研究杂交体，因此随信附上孟德尔 1865 年的一篇论文（碰巧手中有一份），也许对你有所益处。"结果，没有人不从中受益。

39

达尔文身为一名科学家，有一大长处——好奇心旺盛，但从某些方面来说，这也是他的劣势。他在达温庄园的书房里，（通过书信）跨越山海，广泛而贪婪地涉足各个科学领域，不断搜寻数据，博览群书，做笔记时不放过任何内容，多年以来，收集了大量相互关联的事实。他从这些事实中寻找规律，但对规律之外的例子也大有兴趣，对例外的例外更是兴趣有加。他在复杂的生物群体（比如藤壶、兰花、群居昆虫、报春花和原始人）上检验复杂的学说。格雷戈尔·孟德尔是个与众不同的科学家，想法也独树一帜，住在修道院，研究豌豆。

他住在一座奥古斯丁修道院，位于布拉格东南的古城布尔诺(Brno)，当时还是奥地利的一部分。孟德尔的实验生物非常普通——豌豆（*Pisum sativum*）及其近亲作物。所幸，豌豆属的基因刚好简单明确，相比之下，月见草和其他生物的基因就复杂多了。8年的杂交实验里，他追踪了豌豆的花色、叶子大小、茎长、种子形状等易于观察的性状的遗传。而后，他向布尔诺博物学会（Brno Natural History Society）成员说明了他的研究。那是在1865年初。研究结果中有几个重要的观察成果：一些性状是显性的，一些性状是隐性的（“显性”“隐性”是孟德尔沿用了从前研究者的术语）；显性性状与隐性性状杂交后不会稀释，也不会折中表现，而是会完整地遗传给下一代；隐性性状与显性性状杂交会隐藏性状，而与隐性性状杂交，后代表现仍为隐性性状；而且，显性性状和隐性性状在大量地任意杂交之后，后代之间的比例几乎正好是3∶1。例如：孟德尔将红花植物与白花植物杂交，得到705个红花子代，224个白花子代，比例为3.15∶1；蓬松豆荚和丁瘪豆荚杂交后，后代比例为2.95∶1；圆形种子与皱纹种子杂交后，后代比例为2.96∶1。七个实验总体的平均比例为2.98∶1，出奇地一致，绝非巧合。

这其中大有深意。通过这些实验，孟德尔证明了遗传是通过不可分割的微粒单位来运行的，每种情况下只有两个微粒单位，而不是（达尔文和其他人认为的）借由漂浮在血液中的微小元素的累积来实现的。他已经证明，对于任何给定的性状，每个亲本只贡献一个遗传粒子，而不是大量的遗传粒子。对于给定的性状，每个亲本都能贡献一个显性粒子（A）或一个隐性粒子（a），因此他得出的比例3∶1反映了第二代个体中两个亲本粒子有四种不同的结合方式：AA，aa，Aa，aA。这四种可能性中，三种组合（AA，Aa，aA）会表现为显性性状，只有一种组合（aa）会表现为隐性性状。孟德尔概述了遗传的中心法则，指向了基因这一理念；他还提出了表现型（生物体表现出来的性状）和基因型（生物体携带的性状）之间的现代区别，打破了融合遗传的假象。

正如林奈学会上达尔文和华莱士联名论文的宣读，孟德尔当时的文献发表也没有让人留下深刻的印象。一年后，布尔诺博物学会的期刊上发表了一篇题为《植物杂交实验》（*Experiments in Plant Hybridization*）的文章，依然没有激起任何水花。孟德尔本人重印了大约 40 份文稿寄给植物学家和其他可能对此有兴趣的科学家，但人们并没有突然兴趣大增。他的论文在长达三十四年里几乎无人问津。为什么会这样？他的想法是不是太超前了？是的，他回答的这些问题，当时还没有明确地提出来，如此说来，他的确超前于时代。是不是因为他与世隔绝、默默无闻才被科学界忽视了呢？是的，这也是原因之一，布尔诺不是伦敦，布尔诺博物学会也不大可能宣布重大的科学突破。是不是因为他没有发表一系列的相关著作，只是发表了一篇著名论文，才在科学界地位低下？可能有这个原因。这种忽视背后的原因并不单一，而是诸多因素综合作用下的结果。人们可以认为格雷戈尔·孟德尔过于谦逊，不爱出风头，更不爱引人注意。他的境遇实在不幸，在生物学上的研究也不太走运。他在后续研究中犯了一个致命的错误，把豌豆换成了更为复杂的植物——水兰。他被选为修道院院长，无法专心于进一步的植物实验。总之，至少在孟德尔有生之年，他的文章几乎毫无反响，还不如把 40 份重印本埋在花园里。之后，1899 年，他的论文被人寄给了雨果·德·弗里斯。这份文稿可能是孟德尔当初满怀希望投出的 40 份之一。

与此同时，德国动物学家奥古斯特·魏斯曼（August

Weismann）提出了自己的遗传理论，其中几个观点很有影响力。一个观点是遗传性状通过细胞核内的分子物质代代相传。还有一个观点与拉马克主义和新拉马克主义（包括达尔文误解的拉马克主义）相反，即后天习得的特征不会遗传。在魏斯曼看来，这些特征从来不会遗传，在任何情况下都不可能遗传。他认为种质（*germ plasm*，最终产生配子的生殖细胞，比如卵子和精子）与体细胞（*soma*，体内其他细胞）相隔绝，不会因伸脖子、举重、打铁、穴居等活动在个体内部发生改变，也不会因干旱、严寒等环境条件的影响而变化。魏斯曼认为，体细胞会随习性或压力而变，但种质不会受到影响，而且，体细胞的变化不可遗传。他没有读过孟德尔的豌豆论文，但比孟德尔更明确地区分了基因型和表现型。基于当时最新的细胞生物学研究，他还发现了另一个重要的现象：细胞分裂形成配子的过程中，染色体分裂随机组合导致染色体重组。也就是说，缠结、分裂和重新连接。有性繁殖中，这种组合方式可以不断产生各种可能的组合，类型十分丰富，因此后代之间会出现丰富的变异，甚至同一亲本的后代之间也会有大量变异。当今的生物学家认识到，这种现有基因的重新组合和复制错误产生的全新基因（德·弗里斯称之为“突变”）主要解答了几十年来困扰达尔文及其继任研究者的问题：变异的来源是什么？大多数的变异来源于突变和重组。

突变会产生现有基因的突变体。重组将不同染色体上的新基因组合剪接到一起，进而产生变异。在减数分裂（细胞分裂两次，产生配子）过程中，正常染色体或重组染色体的正常基因和突变基因解构组成生殖细胞。一个卵细胞得到 *A* 和 *BCdEF*，另一个卵细胞得到 *a* 和 *BCDEf*，再一个卵细胞得到 *a* 的突变体和

bcdeF。整个过程如同打牌，洗牌，切牌，加入几张王牌，再洗牌。鉴于突变和重组的过程都是偶然的，变异既不以需要为导向，也不以目的为导向。自然选择作用于变异。孟德尔的遗传法则没有让变异消失在融合中。

40

行文至此，全书已接近尾声，我无意带领读者快速了解进化生物学在之后的发展中所有的重大事件。那样一来，全书将会远远超出既定的篇幅，也在我的能力之外。

若是可以这么做，我一定会描述突变论者如何利用孟德尔重见天日的遗传理论，认为微粒遗传反对自然选择，支持突变论，但他们错了；会描述魏斯曼的种质分离学说如何导致人们绝对地认为自然选择是唯一的进化机制——这个观点比达尔文还要达尔文，人们后来称之为新达尔文主义；会描述托马斯·亨特·摩尔根[①]的果蝇遗传学研究和理查德·戈尔德施米特（Richard Goldschmidt）的幸运突变体（他称之为“充满希望的怪物”）概念如何将突变论引入20世纪；还会描述突变论最终如何被数理

---

① 托马斯·亨特·摩尔根（Thomas Hunt Morgan，1866—1945），美国生物学家，被誉为“遗传学之父”，一生致力于胚胎学和遗传学研究，发现基因连锁互换法则，因创立遗传基因在染色体上作直线排列的基因理论和染色体理论获1933年诺贝尔医学奖。

遗传学的新研究动摇瓦解，这些非凡的研究主要出自R. A. 费希尔[①]、J. B. S. 霍尔丹[②]和休厄尔·赖特[③]，表明孟德尔的微粒遗传实际上并没有反驳达尔文的自然选择理论，反而提供了支持。说到休厄尔·赖特，就不得不提他的遗传漂变学说（genetic drift），此处插入一个附加解释：遗传漂变是一种随机过程，在小的孤立种群中十分重要，而且（一些生物学家认为）这可能是物种形成的主要原因。我也会提到亨利·贝克勒耳[④]在19世纪末发现了放射性物质，为反驳威廉·汤姆森对地球年龄和已运行时间的错误估计提供了决定性支持（人们现在对地球内部热源理解更完善了），使达尔文关于自然选择需要漫长的进化时间这一观点的合理性得到了证实。最重要的是，我要大致描述一件知识界的大事——现代综合论（Modern Synthesis），发生在20世纪30年代和40年代初，由古生物学家乔治·盖洛德·辛普森[⑤]、遗传学家西奥多修斯·杜布赞斯基（Theodosius Dobzhansky）、身兼生物学家和作家

---

① R. A. 费希尔（R. A. Fisher，1890—1962），英国统计学家、生物进化学家、数学家、遗传学家和优生学家，现代统计科学的奠基人之一，被称为现代进化论的首席设计师之一，创立了费希尔准则和费希尔失控理论，与霍尔丹和赖特合称“现代种群遗传学三杰”。

② J. B. S. 霍尔丹（J. B. S. Haldane，1892—1964），生于英国牛津，印度生理学家、生物化学家、群体遗传学家，为群体遗传学和进化遗传学奠定了数学基础。

③ 休厄尔·赖特（Sewall Wright，1889—1988），美国遗传学家，在遗传理论的发展中作出了重要的贡献。

④ 亨利·贝克勒尔（Henri Becquerel，1852—1908），法国物理学家，因发现天然放射性，与居里夫妇共同获得了1903年诺贝尔物理学奖。

⑤ 乔治·盖洛德·辛普森（George Gaylord Simpson，1902—1984），美国古生物学家，现代综合理论的奠基者之一，曾任美国自然博物馆馆长。

等身份的朱利安·赫胥黎[①]（达尔文的朋友T. H. 赫胥黎的孙子）、博物学家和系统学家恩斯特·迈尔[②]等影响力非凡的生物学家发起，在费希尔、霍尔丹和赖特的研究基础上，将孟德尔的遗传学与达尔文的自然选择理论统一起来，建立了综合进化论，内容与如今大致相同。此处使用“大致”一词十分合理，因为现代综合论不会永远现代。过去的60年里，现代综合论也遭到过批判，有所修改、补充和改进。此外，我也有义务介绍一些现代的发展和修改，比如恩斯特·迈尔对孤立人群基因革命的假设、奈尔斯·埃尔德雷奇[③]和斯蒂芬·杰伊·古尔德[④]的间断平衡[⑤]理论、木村资生[⑥]的分子进化的中性学说（理查德·路翁亭曾对此有所回应）、乔治·C. 威廉姆斯（George C. Williams）和理查德·道金斯[⑦]提出的自私的基因、爱德华·O. 威尔逊（Edward O. Wilson）挑衅十足的社会生物学和斯图尔特·考夫曼（Stuart

---

① 朱利安·赫胥黎（Julian Huxley，1887—1975），英国生物学家、作家、人道主义者，第一届联合国教育科学文化组织总干事，世界自然基金会创始成员之一。

② 恩斯特·迈尔（Ernst Mayr，1904—2005），德国鸟类学家、进化生物学家、科学史学家。

③ 奈尔斯·埃尔德雷奇（Niles Eldredge，1943年出生），美国古生物学家，在1972年与斯蒂芬·杰伊·古尔德一同发表“间断平衡理论”。

④ 斯蒂芬·杰伊·古尔德（Stephen Jay Gould，1941—2002），美国进化科学家、古生物学家、科学史学家和科学散文作家。

⑤ 间断平衡，该理论认为进化和新物种的产生不可能发生在一个物种主要群体所在的核心地区，只能发生在边缘群体所在的交汇地区，完善了达尔文的进化理论。

⑥ 木村资生（Motoo Kimura，1924—1994），日本群体遗传学家、进化生物学家，他提出的分子进化的中性学说是自达尔文提出自然选择学说以后出现的一个最有创造性、最重要的理论。

⑦ 理查德·道金斯（Richard Dawkins，1941—），英国进化生物学家、动物行为学家和科普作家，英国皇家科学院院士，牛津大学教授。

Kauffman）有趣的提议（复杂的遗传系统中出现了自发的组织）等。哟！但是我不会对这些详加描述。既不会在本书中涉及，也不会另文书写。

如果读者恰好想要了解这些发展历程，可以查阅恩斯特·迈尔的纪实作品《生物学思想发展的历史》（*The Growth of Biological Thought*），全书可读性强（但失之偏颇），或者阅读彼得·J. 鲍勒的著作，比如《非达尔文主义革命》（*The Non-Darwinian Revolution*），也可以读道格拉斯·弗图摩（Douglas Futuyma）出色的教科书《生物进化》（*Evolutionary Biology*）、马克·里德利（Mark Ridley）的《进化》（*Evolution*）、戴维·J. 迪皮尤（David J. Depew）和布鲁斯·H. 韦伯（Bruce H. Weber）信息量巨大的概述作品《达尔文主义的进化历程：系统动力学与自然选择的系谱学》（*Darwinism Evolving：Systems Dynamics and the Genealogy of Natural Selection*），还可以阅读斯蒂芬·杰伊·古尔德的《进化论的结构》（*The Structure of Evolutionary Theory*，全书有1433页）等，有不少书籍可供参考，有些是佳作，有些只能提供实用信息。有关达尔文理论的学术研究作品层出不穷，水平不一——我在前文曾告诫过诸位——但这也彰显了该理论无穷魅力与意义。人们对达尔文理论的探索还没有结束，并将不断呈现出更多的内容。

正如大多数人——比如迈尔和古尔德——所说，这个探索故事的中心主题是真实存在、奇妙无比的进化，自然选择学说比其他学说更符合可观察事实，因此能够经受住时间的检验流传下来，任何科学的理论莫不如是：用物质因解释实质影响。休厄尔·赖特和木村资生等生物学家在之后证实，自然选择不是进化的唯一机制，达尔文本人也承认这一点。但自然选择是主要的进化机制，是形成适应性的车床和凿子。不管达尔文主义的其他内容如何，自然选择是其中的核心概念，是理解进化运行的起点。

道格拉斯·弗图摩的教科书中写道，达尔文最初在《物种起源》中发表的长篇论述是“基于逻辑和诸多间接证据的解读，没有直接证据”。鉴于生物地理学、古生物学、胚胎学、形态学上各种费解的模式都可以用达尔文理论解释，这些证据均可认为是间接证据。人们还要过70多年才能综合认识孟德尔的遗传理论和达尔文的自然选择，达尔文的假设才能——用弗图摩的话来说——“得以完全证实”。但是，对达尔文的平反最终还是到来了。1959年，人们庆祝《物种起源》出版100周年，坚信达尔文这个“老狐狸”提出了正确的理论。后来的发现更是增强了达尔文理论的可信度，年年如是。不久前，我前往密歇根大学的弗图摩办公室拜访了他。他的房间狭长，中间放着一张长桌，散放着期刊论文，书架上摆满了书，没有饲养在笼子里的果蝇，也没有菊石化石和酸浸保存的藤壶。这间办公室为思考和聊天而设。弗图摩性情温和，彬彬有礼，富有智慧，短发花白，戴着金丝边眼镜。那天他穿着一件肥大的毛衣。我此行是来请教他进化论的有关证据的。

他回答时对诸如残迹器官、化石记录、生物地理学分布模式等常见证据一提而过，主要讲述了分子遗传学。他提醒道，一般来说，分子生物学家与进化生物学家考虑的问题不同，得出的解答自然也不同。自从沃森和克里克发现了DNA的结构，50年来从事分子研究的研究者一直对探索基因和蛋白质深感兴趣，也热衷于研究它们在活细胞内的功能，但对物种和物种的进化方式并不是很有兴趣。在密歇根大学和其他许多大学，分子生物学和进化生物学甚至不属于同一个系。即便如此，弗图摩还是把2001年2月15日的《自然》杂志拿了出来，他在这一期上做了大量标记。

这一期历史意义重大，刊登了诸多有关人类基因组计划（Human Genome Project）成果的文章。除此之外，他“啪”的一声拿出最新一期《自然》，上面也发表了一篇十分重要、内容翔实的文章，主要研究小鼠（*Mus musculus*）的基因组序列。这种特定的研究小鼠称为C57BL/6J，常用于实验室研究。主编评论标题为《委托下的人类生物学》（HUMAN BIOLOGY BY PROXY）。根据《自然》编辑的说法，老鼠基因组研究中已经发现了“大约3万个基因，其中99%与人类基因直接对应”。他们所说的“直接对应”是指非常相似，而不是完全一致（比如，人类和黑猩猩有许多完全一致的基因）。不管怎样，相似程度如此之高仍然引人注意。《自然》指出，老鼠和人类拥有的基因数量相同，几乎全都直接对应，而“人类和老鼠都喜欢奶酪”，“那么，为什么老鼠没有和人类更相似呢？这可能在于基因的调控”。在生物胚胎的发育和生长过程中，有的基因发挥作用，有的没有，因此相似的基因之下诞生了人类，也诞生了老鼠。

在弗图摩的讲解下，我对这一点的理解更为开阔。他说，人类的3万个基因和老鼠的3万个基因如此相似，代表了一种同源性，就像人的手有五根指头，老鼠的爪子也有五趾。那么我们现在思考一下这个问题：智慧而忙碌的上帝会专门创造出与老鼠有3万个相似点的人类物种吗？可能性不大。事实上，这种想象也不合理。错综复杂的同源性只能解释为共同的谱系。翻到文章结尾，弗图摩读了一句话："比较基因组分析可能是理解生物功能最有力的方式。"他抬起头来说："这是分子生物学家坚定的声明。"他接着往下读："其力量在于进化的'坩埚'十分灵敏，比现代实验科学可利用的其他仪器都要灵敏得多。"进化的坩埚？简单来说就是"自然选择，保存基因的同时也在丢弃基因，有时对基因逐个发挥作用"。

弗图摩认为，数十年来，分子生物学与进化生物学两个学科之间相互竞争，愈演愈烈，但是现在，甚至分子生物学家也开始承认所有的生物学都属于进化生物学。"这就是未来的研究方向，"他说，"也是生物学和生物医学科学的未来所在。"

最后一只甲虫

The Last Beetle

1876—1882

41

虽然达尔文在晚年身体状况有所改善，但他也渐渐感到疲惫。

昔日的紧迫感已然不复存在。他知道生命中最重要的工作已经完成了。或许正因为如此，他呕吐的次数才比以前少了，头晕目眩的症状也少了。名声为他带来了许多不便——上门拜访的崇拜者、陌生人的来信、请他出席的邀约，还有人请求他的意见或是恳求他提供呈递给法庭的专家证词，对此，他满腹怨言，却也只好听之任之，但是若情况合适，他仍然会托辞身体抱恙，声称自己无能为力。例如，他拒绝前往牛津大学接受荣誉博士学位。谁需要呢？牛津大学到处都是约翰·亨利·纽曼一类的人——狂热的宗教信徒，此外，他本人可是剑桥大学的毕业生。查尔斯·莱伊尔是最支持他的朋友之一，也是与他交情最长的朋友之一，去世时在威斯敏斯特大教堂（Westminster Abbey）举行了隆重的仪式，但达尔文拒绝做莱伊尔的抬棺人，甚至没有去伦敦参加葬礼。过去的几十年里，他也没有出席别的葬礼，没有履行临终礼节，将自己的隐私和平静置于人道的忠诚义务之上。但是在1875年，他没有参加莱伊尔的葬礼，这显然表明他离大型社区（大于家庭和村庄的社区）越来越远。达尔文的哥哥伊拉斯谟一辈子单身，热衷于社交闲谈，在伦敦度过了一生，几年后去世。达尔文把哥哥的遗体带到达温村，安葬在当地的教堂墓地。他大概以为最终自己也会长眠于此，和过世后的埃玛合葬，离孤身一人的哥哥不远（但他想错了）。

就某些方面而言，达尔文自私无情，但这种态度主要是为了工作。他也很有爱心，恪守本分，个人道德感很强（只建立在对人类社会行为如何进化的唯物主义观念上），偶尔也会默默地做一些善事，帮助一些人找到工作或得到政府养老金，或者给公益事业寄去数目可观的支票。临终前，他仍然担任达温互助会的财务主管。互助会是一个救助保险合作社，在他的协助下成立，为当地的工薪阶层提供服务。他在当地的校董会任职数年，还出任地方治安官，审理一些小案件。

他收到的信件来自世界各地，有些离奇古怪，有些蛮横无理：亲爱的达尔文先生，您如何看待宗教信仰？亲爱的达尔文先生，我被困在精神病院了，请救我出去。亲爱的达尔文先生，我在约克郡的池塘里养了两只短吻鳄，您对此想了解些什么？他回了不少信，回复通常很有风度。现在，他比从前更加依赖书信和出版著作，以实现与世界的联系。

他接连入选匈牙利、俄国和荷兰的国家研究院院士，虽然他本人与这些国家相距甚远，但也欣然接受了这些荣誉。普鲁士国王为他颁发了"功勋勋章"（*Pour le Mérite*），虽然他未能亲自出席授予仪式，但也愉快地接受了这个奖章。卡尔·马克思是他"真诚的崇拜者"，向他赠送了一本《资本论》，以示敬意。尽管达尔文在国际上声名显赫，但接连几任英国首相不是对他未加重视，就是在与维多利亚女王的多次磋商中过于谨慎，因此从未授予他爵士头衔。（他过世以后，英国政府改正了自己的态度，他的两个儿子虽然成就不如他，却受封为爵士，不过这对达尔文来说为时已晚。）在家人的一再要求下，他让人为自己画了几幅油画肖像，拍照时摆出一副大家长的样子。不管人们有没有读过他的书，是不是理解和接受他的理论，都想看看当时健在的英国、最重要的科学家长什么样子。那时，他已经是一个文化偶像、当世的名人，有作为名人逃不过的坏名声。最让人难忘的几张照片出自艾略特和弗莱摄影公司（Elliott & Fry photographic company），由一个身份不详的人拍摄。这个人从伦敦南下到此，在阳台上拍下了达尔文，当时天气不好，达尔文正在“思想小路”上散步。这件事大概发生在他去世的前一年。

如今看到这些照片，人们依然能感受到他的疲惫和冷漠。他穿着一件黑色披风，系得很紧，戴一顶黑色毡帽，像是宽边常礼帽，照片中看不见他的手，胡子灰白蓬乱，鬓角杂乱，同脑后凌乱的头发融合在一起，眼神世故而忧郁。

他渐渐疲惫，尤其厌倦了努力捍卫和推动进化论及其附属理论和衍生观点。自然选择虽然是其中核心，但也只是一部分内容。由于弗莱明·詹金和威廉·汤姆森等人的口诛笔伐，达尔文在对《物种起源》的接连修订中削弱了自然选择的主张，更强调拉马克式的用进废退和外部条件的直接作用。虽然他从未放弃大胆无畏、让人恐惧的自然选择学说，但总是消极地回避它。1880年，他给《自然》的编辑写信，又一次义愤填膺地反驳了一篇批评文章：他从未声称进化只取决于自然选择。的确如此，他从来没有这样说过，第一版《物种起源》里也没有这样的说辞。但是，始终坚持这一点有些可悲和落魄，毫无必要。他还不知道孟德尔的研究，也不知道放射性等科学发现，这些研究后来都证明他最早提出的、主张最坚定的自然选择学说正确无误。

《物种起源》首版后的20年里，达尔文一直在研究和写作。一些著作涉及一些棘手的难题，虽然达尔文早已故去，但这些问题至今仍然引发了无数争议。他在《动物和植物在家养下的变异》中阐述了（错误的）遗传理论，提出了“泛生论”，设想数以百万计的微小粒子携带着可遗传的特征在生物体内快速穿梭，定量传给后代。他在《人类的由来》中提出了（意义重大的）性选择概念。他提出的学说包括变异的来源、雌雄同株的植物异花受精相对于自花受精的重要性、人类道德本能的进化等。

虽然他仍然关注这些，但他发现每当有想法古怪的人精神十足地对他发难、提出挑战时，他都无力或不愿再与之争辩。曾经有人给他写信，提出人类行为的探索性论断，达尔文向其解释说，自己近年来只研究植物生理学，其他学科都从他的脑海中溜走了。他承认，试着重拾这些学科让他疲惫不堪。还有人给他写了一封“有趣的信”，信中谈及人类婴儿和猴子耳朵上的毛发，他对此表示了感谢，接着坦承道：“我年事已高，不太可能再阐释进化论的难点和普遍观点了。”这是在委婉礼貌地说：“离我远点”。他总是这么讲究礼貌。

植物研究更平静，也更能抚慰心灵，概念上没那么复杂，煽动性也不强。有些植物研究也与进化隐隐相关，例如植物繁殖、获取变异、产生适应性的方式。但是描写异型花柱的二态报春花（此处无须深究）看起来没有《人类的由来》中写的尾骨（os coccyx）——暗示人类尾巴的残迹器官——那么有煽动性。截至目前，他提出了大量富有煽动性的观点，这不仅给他带来了压力，也招致了别人的挑衅。达尔文的儿子弗朗西斯在剑桥大学完成学业后，受达温村吸引回到家乡。在弗朗西斯的帮助下，达尔文继续进行风格朴实的植物学实验，在花盆里种植茅膏菜①和捕蝇草②，给它们投食昆虫和生肉，用氨盐折腾它们以测试叶子的敏感性。经过这些研究，他在 1875 年出版了《食虫植物》。他的儿子弗朗西斯和乔治为这本书画了插图。尽管以肉为食的食虫植物听起来十分骇人，但是达尔文对待这个主题依然冷静专业。这本书远没有进化论的相关著作卖得好，但他没有因此停滞不前。他喜欢把温室和花园搞得一团乱，在书房与盆栽植物为伴。

他在 1875 年还出版了《攀缘植物的运动和习性》（*The Movements and Habits of Climbing Plants*），这是一篇长篇论文，十年前发表在林奈学会，现在出版的是其商业版本（但不是很畅销）。即便达尔文的作品主题越来越小众化，销售潜力越来越有限，约翰·默里仍然乐于做他的出版人，帮他出版符合大众口味的图书。一年后，达尔文出版了《植物界异花受精和自花受精的效果》（*The Effects of Cross and Self Fertilisation in the Vegetable Kingdom*），将其视为早先出版的《兰科植物的受精》一书的姊妹篇。接下来的几年，他出版了新一版的《兰科植物的受精》，也出版了另外两本有关植物的著作，这些书中都有他引以为豪的小见解和小发现。但在他的一生中，这些书几乎不受人关注，之后很少再版。他写道："我一直乐于将植物赞扬为有组织的生物体。"他已经不再把著作是否震惊世界、能否带来巨大收入放在心上，也不再受野心影响，一如既往地痴迷于微小细节中的美好意义和万物互相关联的伟大真理。

---

① 茅膏菜（sundew），又称毛毡苔，食虫植物，分布于世界各地。

② 捕蝇草（Venus's-flytrap），食虫植物，被誉为"自然界的肉食植物"。

42

1876年初，达尔文一家依旧住在达温庄园，但比过去都要安静。2月12日，达尔文67岁。他和埃玛不完全是空巢夫妇，但随着岁月流逝，他们离成为空巢夫妇越来越近。大儿子威廉是银行家，居住在南安普敦南部，生财有道，像父亲一样脱发、变秃，没有结婚。安妮死了，埋在莫尔文镇。小查尔斯葬在达温村的教堂墓地，19世纪40年代初夭折的女婴玛丽·埃莉诺也葬在这里。如今依然健在的最大的女儿亨丽埃塔嫁给了性情有点古怪的利奇菲尔德（Litchfield），在伦敦定居，5年后，这对夫妇依然没有孩子。乔治和弗朗西斯（常被称为“弗兰克”）都已从剑桥大学毕业，幸存下来的最小的儿子霍勒斯（Horace）也完成了剑桥大学的学业，他们像父亲一样，走上了各自的探索道路，向着各自的志趣和事业前进。只是弗兰克虽然获得了医学学位却无意行医，回到了父母身边。伦纳德（Leonard）自认是家里的傻瓜，没有去剑桥求学，而是去了伍利奇皇家陆军军官学校（Woolwich Military Academy），之后成为一名军事工程师，踏上旅途。现在家中只剩下最小的女儿贝茜（Bessy），29岁，未婚，而且注定一生如此。据一位喜爱贝茜的亲戚说，她从未走出家门接受教育，“不擅长做实事”，如果没有别人的帮助，连自己的生活都无法自理，甚至亨丽埃塔也会欺负她。贝茜如此卑微，如此不被重视，真是可怜，甚至达尔文记述详尽的传记中也几乎找不到她的名字。相关记载中似乎没有贝茜1876年初的行踪，但她除了待在家里也无处可去。

达温庄园已经没有了昔日的青春与活力。房子里也没有孙子、孙女带来新的喧闹与快乐。达尔文研究植物，晚上和埃玛玩西洋双陆棋。下棋是家里的老传统了。这些年来，他赢了2795场，埃玛只赢了可怜的2490场。夜幕降临，弗兰克沿着小路回到自己的小房子，他和妻子埃米住在那里。就连忠实的老管家帕斯洛现在也不在了，他领了达尔文给的些许养老金，退休了。

如今，达尔文是个病人，年老体弱，比从前更依赖埃玛——埃玛一直在照料他，对他百依百顺，是家里的情感支柱。他也许会拿西洋双陆棋取笑她，但是早在1838年他就爱上了她，当时的爱并不浓烈，随着时间的流逝，这份爱日渐温暖，日益炽热。埃玛没有像他一样热爱知识研究，也没有像他那样鄙视宗教、信奉唯物主义，她仍然敬奉基督教的上帝，忧心丈夫的灵魂；而他依然对她情根深种。他不能假装赞同她的信仰，也不能像她希望的那样，在精神上屈服，虔诚地接受自己的疾病和最痛苦的伤心事（比如安妮的死），但他敬重她善良的品性，能够敏锐地察觉到她的感受。40年来，他一直把她在刚结婚时写给他的那封信保存在文件夹和篇章论文之间，信是在他吐露内心疯狂的异端想法后写的，情感真挚，她坚持道："别以为这些事与我无关，对我无关紧要。"她写道，"这真的很重要"，态度坚决但又含情脉脉地反对他对基督教的背叛。他们之间休戚相关，他的事就是她的事。"若我认为我们不会永远属于彼此，我将会心如刀割！"从那以后，这么多年来她一直心怀期待，希望来世与达尔文永远在一起，却从来不曾从他那里收到任何肯定的回应。达尔文只能深表同情，或者回避这个话题，他不想说谎。但不知何时，他在那封信的末尾草草写了几个字。这封信是在各种混杂的文件里找到的，末尾之后写着：

当我死时，你要知道，有许多次，我曾亲吻它并为之哭泣。

C. D.

他们夫妇是表兄妹，也是情人、朋友，现在年事已高，听着冷寂的大房子里回荡着自己的脚步声，无法改变地走向死亡和分离。

春天时传来了一则好消息：弗兰克的妻子埃米怀孕了。这让达尔文有了下一步的写作动力。最后，怀着对孙辈的期待，他开始起草私人自传，希望这部作品“可能会让我的孩子或孙子有些兴趣”。1876 年 5 月下旬，他去乡间别墅拜访埃玛的弟弟，在那里写下了自传的第一页，接着回到了达温村继续写作。大多数下午，他会拿出一小时左右写作，贯穿整个夏天。他在记忆里搜寻重要的事实和经历，没有（为了改动）查阅任何笔记本、资料文件或日记。达尔文写道，母亲在他 8 岁时去世了，“但很奇怪，我几乎把与她相关的事都忘了”，只记得她临终时的病榻和一件黑色的天鹅绒长袍。但他回忆起小时候从果园里偷苹果；想起自己早年间收集的贝壳、鸟蛋和矿石；他记得自己也曾残忍地对待一只小狗，这份愧疚难以磨灭，60 年后依然存在；他在寄宿学校表现平庸，希腊语和拉丁语的成绩都不好，虽然很认真，但从来没有全身心投入过学业。他还记得自己对猎鸟充满热情，杀死第一只鹬后激动得发抖，忘不了父亲在他年少时说的刻薄评价：“你只关心猎鸟捕鼠，将来不仅让自己丢脸，也会让整个家族蒙羞！”他想起了在爱丁堡求学时，罗伯特·格兰特曾指导过他；在剑桥求学时偶然遇到了一帮粗暴之徒，他们玩着牌喝得酩酊大醉；他还记得在剑桥大学时做了一些高尚的消遣活动，比如向约翰·亨斯洛学习植物学，在国王学院礼拜堂听唱诗班唱歌。达尔文写道：“在剑桥求学的时光里，最让我兴奋和快乐的事就是收集甲虫了。”

他没有解剖甲虫。这是他的爱好，不是科学研究。当年他也不好奇甲虫的地理分布和形态相似性。他只是捕虫、辨认、收藏。回首往事，他仍能记起某些让他欣喜的物种，比如一种橙黑相间的步甲虫（Panagaeus cruxmajor），也记得捉到它们时它们所在的腐烂树木和满是尘土的河岸。他讲了一个自己的故事，表现了他的笨拙和热情：一天，他在死树皮里寻找甲虫，发现了一种罕见的甲虫，接着又发现了另一种，于是两手各抓一只。然后，他又看到了“第三种新甲虫，我一定要捉到它，所以就把右手拿的那只甲虫塞到了嘴里。唉！这只甲虫喷出了一种辛辣的液体，灼伤了我的舌头，我不得不把它吐出来”，放走了嘴里那只和第三只甲虫。这次洋相可真是充满了甲虫的滋味。

这类故事在自传中讲起来很从容、轻松。最难写的自传内容是问自己：我是什么样的人？有什么优缺点？有过什么信念和疑虑？这些内容他也写了。

他没有打算发表自传的任何内容。随意地写了九个星期后，他把手稿收起来，又回到植物研究中。接下来的几年，他三番五次把手稿拿出来续写了不少，插入了新的回忆和事后想法，更新了对已出版书籍的回顾。成书的语气朴实、坦率，仿佛在与人交谈，可读性强，结合了个人叙述、回忆描写和哲思自省。书中最能表现达尔文本人的一部分为“宗教信仰”（达尔文的目录写得粗心，略去了这部分，似乎写作中途有意不想让人注意到这部分）。出于自己和埃玛观点上的迥异，他在下笔书写这些想法时一定不安地纠结过是该直言不讳还是该圆滑表达。

达尔文回忆，在形成物种演变的想法之前，他是个信仰十分正统的年轻人。在“小猎犬”号上，他曾因虔诚地引用圣经受到嘲笑。19 世纪 30 年代末，他在笔记上构思理论，其间对宗教思考良多。但是，多年来对既定自然法则的研究，让他渐渐不再对上帝创造的奇迹深信不疑，之后“逐渐不再相信基督教是神的启示”。对于失去信仰，他既不自命清高，也不手忙脚乱，这件事几乎也违背了他自己的意愿。“我放弃基督信仰的过程非常缓慢，但最终还是放弃了。”事实上，这个过程漫长到他连一丝焦虑也感觉不到。现在，一切都结束了，他的内心毫无疑虑。他语气坚决地补充道：

> 我实在想不通谁会希望基督教是真的。若是如此，《圣经》中通俗的内容似乎表明，那些不信之人（包括我的父亲、兄弟、几乎我所有的知己）将受到永远的惩罚。
>
> 这则教条真是该死。

对埃玛而言，这段话让她尤为不安。（达尔文去世 5 年后，她在第一版自传中删除了这段话。）达尔文一定预见了她的反应，也为此感到难过，但在手稿中，他没有因此受到任何干扰，将自己的想法一吐为快。

除了宣布放弃基督教的教义，他还放弃信仰任何普遍意义上人格化的上帝。假设世界由仁慈全能的神统治，那要如何解释恶的存在？这太不合逻辑了，达尔文写道："这有悖于人们的理解。"那如何解释人类灵魂的不朽呢？他暗示道，灵魂不朽的想法能予人安慰，其他观念单是想想都让人胆寒，因此人们出于本能，更倾向于接受灵魂不朽。生命的终极起源是什么？宇宙的起源呢？有没有一个超凡的造物主、一个抽象客观的终极存在设定了世界及其运行法则？达尔文承认："我不能假装自己对这些深奥的问题有一丝一毫的了解。我们解不开万物起源的奥秘。以我来说，做一个不可知论者就心满意足了。"他的朋友赫胥黎发明了"不可知论"一词，让他十分高兴，觉得比起"不可知论者"，"无神论者"显得咄咄逼人，十分自负。

"宗教信仰"这部分标题奇特，全篇的主题是他没有任何宗教信仰。另一种指引信念取代了他早期的宗教信仰。他回顾了威廉·佩利在《自然神学》中提出的老套的"设计论"，当年他作为一名剑桥大学的年轻学生，曾对此十分钦佩。他斩钉截铁地说"既然已经发现了自然选择"，那么设计论就不成立了。双壳贝美丽的横行肌柱不同于门的铰链，并不意味着智能设计师的存在。达尔文写道："风吹的路线设计不了，自然选择和有机生命的变异性也设计不了。"

43

1876 年 9 月初，弗兰克的妻子埃米即将临盆，达尔文完成了自传初稿，搁置在一旁。埃米生下了一个健康的男孩，但可能因为产后发热，身体状况急剧恶化，可怕地抽搐起来，出现了肾衰竭，之后去世了，她的丈夫和公公都在现场，看着她与世长辞。这次，达尔文没有缺席葬礼。弗兰克将埃米葬在威尔士，同她父亲的家人埋在一起，之后回家清空了小屋，现在，回忆和空虚让这里显得格外凄凉。他和刚出生的儿子伯纳德（Bernard）搬回了大家庭，就在村子另一头。

因此，达尔文的长孙在祖父的溺爱之下度过了婴幼儿时期。伯纳德与达尔文和埃玛的诸多孩子不同，他在婴儿时期胖胖的，身体健康，像佛一样平静，“如同上天的奖赏”。埃玛想：“他的嘴和表情都很漂亮，看到祖父的脸尤为开心。”达尔文也被伯纳德逗乐了。他曾把长子的成长和发展作为研究课题，但对长孙伯纳德却没这么做；他对小家伙的喜爱十分纯粹。埃玛和他指挥房子翻修，以便让弗兰克（担任达尔文的助手，也有自己的研究）和伯纳德住得更好。他们四人一起度假（可能也会带上埃蒂，拖上贝茜），乘坐私人轨道车前往湖区（Lake District）。伯纳德和达尔文为彼此起了爱称——爷爷叫“巴巴”（Baba），伯纳德叫“阿巴杜巴”（Abbadubba），这个昵称有点莫名其妙。“阿巴杜巴”5 岁时，“巴巴”在书房工作，“阿巴杜巴”在地板上随意地画画，安静地自娱自乐。他们一起在花园散步，手牵手站在草坪上观看室外音乐会。接下来的几年，伯纳德飞快地成长——这是自然——当年蹒跚学步的可爱小朋友长成了一个身材瘦长的少年，在伊顿公学上学，但达尔文有生之年并没有看到这些。

1881 年末，达尔文感到心脏疼痛。如今，那些神秘的慢性病和忧郁症已经不再困扰他了。

他和帕斯洛不同，一生从未退休。他没有工作，也没有担任任何职位——反而是工作找上了他——因此，他也没有理由放弃。工作就是他的生活中心。他讨厌疲倦，更憎恶懒惰，总是需要项目来研究。他最后一项重大研究与蚯蚓及其在土壤形成中的作用有关，在此研究之下有了前文亦有提及的《腐殖土与蚯蚓》一书，在他去世前一年出版，篇幅短小，内容古怪。他第一次研究这个主题是在1837年，当时他刚刚走下“小猎犬”号；再次回归这个主题已是40年后，此时他已结束了自己科学生涯中最为紧要的研究使命。他喜欢蚯蚓。这种动物完全符合他眼中优秀研究课题的种种标准：十分普通，几乎随处可见，产生的作用很小，但这些作用会不断增加、累积，最终产生巨大的效果，它们比表面看起来的重要得多。同之前培植盆栽一样，他在书房里养了一些蚯蚓，在它们身上做各种各样的小实验。蚯蚓的任何行为都让他兴趣十足。他在书中写道：“蚯蚓没有听觉。”

> 周围反复响起尖锐的金属哨声，但它们完全没有注意到；巴松管发出深沉和响亮的音调，它们也毫无反应；只要呼吸不受影响，它们对喊叫声也无动于衷。把蚯蚓放在靠近钢琴琴键的桌子上（这里能尽可能放大琴键的声响），它们也依然保持着绝对的平静。

弗兰克演奏巴松管，埃玛弹钢琴。据可靠人士说，小伯纳德吹口哨。达尔文式的蚯蚓研究是全家的活动。在全家人的帮助下，达尔文证实了蚯蚓不懂音乐。

《腐殖土与蚯蚓》出版于1881年10月，达尔文和约翰·默里没有想到，第一版很快售罄，接着第二版也迅速被抢购一空。

年底前，默里加印了三次，每次1000本。读者显然准备好拜读令人敬畏的达尔文先生写出的这本直白、朴实的著作了。这本书值得推荐的理由还在于其行文十分简洁。达尔文的科学研究风格是家庭式的，在厨房里运用简单的实验方法，观察敏锐，富有耐心，卓有成效，这本书大卖仿佛在暗示他的研究方式即将过时。事实上，的确如此。

44

1882年4月19日下午，达尔文因退行性心力衰竭去世，享年73岁。埃玛、弗兰克、亨丽埃塔和贝茜守在病榻旁。伯纳德待在育儿室，只知道“巴巴”不知怎的生病了。达尔文走得并不平静，疼痛、恶心，痉挛到吐血，血液顺着白胡须流下来。两次疾病发作之间，呼吸十分微弱。他知道人们想知道他的想法，一度说：“我一点也不害怕死。”之后某个时刻，他低声对埃玛说：“我的爱人，我的挚爱。”几个小时后，他喃喃自语：“要是我能死就好了。”他仿佛哀求一般，不断重复这句话，想要撒手人寰。他睡了过去，又醒了过来。他们喂了他几匙威士忌。他觉得头晕，又昏了过去。之后，他就走了——不管从何种意义来讲，他都走了。一辆马拉的灵车载着他离开了达温庄园，向伦敦驶去。

整个世界一拥而上，抢着认领他的遗体。政府官员和他在科学界的朋友仓促地达成共识，这是为了历史，为了后人，为了英国文化的荣耀等。人们一致认为，查尔斯·达尔文不应该葬在村庄的教堂墓地，陪在伊拉斯谟、小查尔斯、玛丽·埃莉诺身边，周围都是肯特郡善良的虫子，而是应该像莱伊尔、牛顿和乔叟①一样葬在威斯敏斯特大教堂，而达尔文本人似乎更喜欢前者。如果有一场葬礼可以让达尔文有机会出逃，不用亲自到场，那就是他自己的葬礼。太过繁琐了，对胃不好。维多利亚女王就没有到场，英国首相格拉德斯通（Gladstone）也没有出席，但帕斯洛没有缺席。抬棺人有胡克、赫胥黎和华莱士。

然而，在这一切发生之前，达尔文还完成了小部分研究。《腐殖土与蚯蚓》是他出版的最后一本书，但不是他最后出版的作品。离他去世还有几个星期的时候，他又投入到一个之前感兴趣的课题中：分散方式——动植物到新的地方大量繁殖的途径。

物种的分布模式不是上帝之手心血来潮的地理分配，而是反映了物种从进化源头的自然分散，这是现代生物地理学的首要前提，对他的进化论至关重要。早在 19 世纪 50 年代，达尔文就进行过盐水浸泡等实验，模拟严苛的环境条件，研究分散方式。他曾在小型海域用木筏运送芦笋；把种子塞进死鱼肚子，喂给鹈鹕，收集鹈鹕的粪便提取种子，看它们能否继续发芽；在满是淡水蜗牛的水族箱里挂上鸭掌，吸引爱冒险的蜗牛上前抓紧。现在，他对一份类似的数据产生了兴趣，这份材料不是来自实验，而是来自偶然的观察：在北安普敦附近的一条小溪或小池塘里，一只小小的淡水蛤蜊把自己夹在了一只水甲虫（water beetle）的腿上。

一只拖着小型软体动物的水甲虫，从其科学背景推断——从

---

① 乔叟（Chaucer，1343—1400），英国小说家、诗人。主要作品有小说集《坎特伯雷故事集》，被公认为“中世纪英国最伟大的诗人之一”，英国诗歌的奠基人，被誉为“英国诗歌之父”。

物种分布、生物地理学、进化与神创论的对决来看——这只水甲虫看起来无关紧要。也许在此背景之下，它根本不值一提。但在达尔文眼中不是这样。1882 年 4 月 6 日，他在《自然》上发表了一篇短文，描写了这只水甲虫与蛤蜊的联系。这篇文章题为《淡水双壳类动物的分散》（*On the Dispersal of Freshwater Bivalves*），是他发表的最后一篇文章。文章观点十分简单，但意义重大：这份证据表明，一只具有繁殖能力的蛤蜊可以从一个池塘“飞”到另一个池塘（水甲虫不仅会游泳，还会飞），在新的地方建立其迁移群体。分散、地理隔离导致生殖隔离，在新环境成长为新群落，进入新的进化阶段。

一如他获取的大多数原始数据，这份原始数据也是邮寄给他的。一个北安普敦的年轻人——W. D. 克里克（W. D. Crick）写信给他，将这一与甲虫相关的发现告诉了他，引起了他的注意。克里克先生——其最小的孙子弗朗西斯·克里克将作为 DNA 结构的共同发现者，成为生物学史上举足轻重的人物——是一个新兴鞋厂的老板，热爱大自然。这种甲虫是龙虱（*Dytiscus marginalis*），属于大型潜水捕食者。这种蛤蜊是什么物种？克里克并不知道。达尔文回信进一步询问时，克里克先生将这只龙虱和蛤蜊慷慨地寄给了他。但这两个生物此时已经不连接在一起的了。离开水面让二者面临巨大的压力，这只蛤蜊（达尔文和克里克称它为“贝壳”）已经从龙虱身上掉了下去，双壳紧闭。

达尔文告诉克里克：“我已经把这只贝壳放在淡水里了，看看它的贝壳瓣会不会打开。”他想知道这只贝壳会不会像盐水浸泡后的芦笋种子一样，在旅行之后仍然能够存活。

这些都是有待讨论的科学问题，关乎生命、道德和慈悲。

“这只可怜的甲虫奄奄一息，”他告诉克里克，“我在瓶子里放了月桂树的碎叶，把它也放了进去，也许这样能让他死得更快、更舒服。”与他同时代的博物学家都知道月桂树叶切碎后会释放出含有氰化氢的氢氰酸。达尔文不想让自己最后一只甲虫受苦。他是个温柔的人，完全明白自己引发的不安早就让人忍无可忍了。

致 谢

本书源起于詹姆斯·阿特拉斯（James Atlas）7年前的邀请：“你是否有意为查尔斯·达尔文写一本简洁的传记，作为‘企鹅人生’（the Penguin Lives）系列丛书的一辑呢?”一番犹豫之下，我答复说，过去10年，人们已经写了许多出色、权威的达尔文传记了，说这番话时，我不由得想起了珍妮特·布朗和德斯蒙德、穆尔等人的作品。吉姆（詹姆斯的昵称）说这不要紧，接着向我说明他想要这样一本传记：全书从头到尾要非常简洁，有小品文的风格，文学性高于学术性。他说，这本书不是要和那些大部头传记一争高下，相反，那些书可以作为我的写作资源。我答应他后，因忙于其他项目耽搁下来，等到处理完毕可以全心投入本书写作时，吉姆已经离开了企鹅出版社，在诺顿出版社开创了新的系列——“伟大的发现”（*Great Discoveries*）系列丛书。因此，我将达尔文的传记放到了这个系列中，既是因为吉姆是本书的发起人，也因为我的作品主要都在诺顿出版社出版。

我十分感谢吉姆在小型传记写作上的远见卓识，也感谢他发出邀请的信任，同时，也要感谢阿特拉斯图书公司的杰西·科恩（Jesse Cohen）为这本书以及“伟大的发现”系列丛书作出的巨大贡献。

在诺顿出版社，玛丽亚·瓜尔纳斯凯利（Maria Guarnaschelli）作为我的长期编辑，洞察力敏锐，再次成为我重要的合作伙伴，给予我热忱的支持。玛丽亚的助手埃里克·约翰逊（Erik Johnson）和罗宾·马勒（Robin Muller）为我提供了许多细节上的帮助。我衷心感谢诺顿出版社所有工作人员的无私奉献。本书搁置期间，企鹅出版社的卡罗琳·卡尔森（Carolyn Carlson）一直充当我的联络人，十分热情。我的经纪人勒妮·韦恩·戈尔登（Rénee Wayne Golden）一如既往发挥了重要作用，将必要事项和可能的事项安排得天衣无缝。

过去近20年里，生物科学领域的专家迈克尔·E. 吉尔平（Michael E. Gilpin）一直为我提供友好的咨询帮助。我们一边骑山地车或者滑雪，一边讨论人口生物学的细节，他绝对是共同进行这些活动和讨论的不二人选。迈克（迈克尔的昵称）曾读过我前几本书的草稿，这本书也不例外，他在阅读之后提供了宝贵的反馈意见。我还要感谢另外三位读者，他们专业知识丰富，评论详细，帮我避免了许多错误和误解（尽管可能不是全部）：凯文·帕迪安（Kevin Padian）、迈克尔·里迪（Michael Reidy）和斯坦·拉楚廷（Stan Rachootin）。显然，他们对最后成书的瑕疵不负有任何责任。事实核查员米歇尔·哈里斯（Michelle Harris）工作专业，十分谨慎。安·阿德尔曼（Ann Adelman）审稿严谨，十分规范。我也非常感谢其他人的支持和鼓励，但他们的名字不便在此一一列出，我只能在这里叙述一点细节。普罗瑟·吉福德（Prosser Gifford）邀请我在美国国会图书馆的布拉德利讲堂做一个关于《物种起源》的讲座，这也是我本次图书项目的切入点。《国家地理》（*National Geographic*）杂志的比尔·艾伦（Bill Allen）和奥利弗·佩恩（Oliver Payne）曾让我写一篇关于进化论证据的专题文章，以《达尔文错了吗?》为题发表（见《国家地理》杂志2004年11月刊），为这本书的写作给予了间接的支持。《国家地理》杂志还有许多人为我发表专题文章提供了帮助，其中尤为感谢伯纳德·奥汉尼安（Bernard Ohanian）和玛丽·麦克皮克（Mary McPeak）二位。撰稿和调研期间，道格拉斯·弗图摩、菲利·金格里奇（Philip Gingerich）、奈尔斯·埃尔德雷奇、伊恩·塔特索尔（Ian Tattersall）和尤金妮亚·斯科特（Eugenie Scott）等人拨冗为我提供了宝贵的想法，我对此表示十分感谢。琼·特拉维斯（Joan Travis）和阿诺德·特拉维斯（Arnold Travis）为我安排了加拉帕戈斯群岛的旅行，使我得以在时隔17年后故地重游。

丹尼斯·哈钦森（Dennis Hutchinson）给了我一本小书，里面包含了1858年的论文，这对我非常重要。戴维·辛格尔（David Singel）在有关氢氰酸的化学知识方面给我提供了诸多建议。马特·里德利（Matt Ridley）提醒我注意W. D. 克里克和他的孙子弗朗西斯之间的联系。玛丽·奎曼（Mary Quammen）和威尔·奎曼（Will Quammen）一如既往为我提供了不可衡量的帮助。贝齐·盖恩斯·奎曼（Betsy Gaines Quammen）在本书写作期间为家中带来了欢声笑语。我还要感谢已故的R. W. B. 刘易斯（R. W. B. Lewis）和其妻子南希·刘易斯（Nancy Lewis）40年来对文学的贡献以及对我个人的慷慨帮助。

图书在版编目（CIP）数据

不称职的英雄：达尔文与难产的《物种起源》/（美）大卫·奎曼著；郝舒敏译.—广州：广东人民出版社，2021.4

书名原文：The Reluctant Mr. Darwin：An Intimate Portrait of Charles Darwin and the Making of His Theory of Evolution

ISBN 978-7-218-14830-4

Ⅰ.①不… Ⅱ.①大… ②郝… Ⅲ.①物种起源—达尔文学说 Ⅳ.①Q111.2

中国版本图书馆CIP数据核字（2020）第261523号

BU CHENZHI DE YINGXIONG：DA'ERWEN YU NANCHAN DE《WUZHONG QIYUAN》

不称职的英雄：达尔文与难产的《物种起源》

［美］大卫·奎曼 著 郝舒敏 译

出 版 人：肖风华

项目统筹：施 勇 陈 晔 韩佳珂
责任编辑：陈 晔 钱 丰 皮亚军
责任技编：吴彦斌 周星奎

出版发行：广东人民出版社
地　　址：广州市海珠区新港西路204号2号楼（邮政编码：510300）
电　　话：（020）85716809（总编室）
传　　真：（020）85716872
网　　址：http://www.gdpph.com
印　　刷：广州市岭美文化科技有限公司
开　　本：880毫米×1250毫米 1/32
印　　张：7.875　插　页：2　字　数：174千
版　　次：2021年4月第1版
印　　次：2021年4月第1次印刷
著作权合同登记号：图字19-2020-088
定　　价：58.00元

如发现印装质量问题，影响阅读，请与出版社（020-85716849）联系调换。
售书热线：（020）85716826